[日] 坂茂 著

王兴田 编译

纸建筑

建筑师能为社会做什么?

江苏凤凰科学技术出版社

译者序

1. 认识坂茂

　　接到出版社邀请翻译坂茂先生关于纸建筑的书，说实话心里十分欣喜。对坂茂先生的关注始于20世纪80年代末，是我在日本留学期间。一次偶然的机会在杂志上看到介绍他的纸管建筑——"诗人的书库"（本书中也有精彩的描述），惊叹之情油然而生。当时我曾疑惑是什么样的缘由让这位年轻建筑师拥有如此独特的视角与创造力，支持他向纸建筑这个开天辟地的建筑新领域发起挑战。今天我从这本书中得到了全部答案，坂茂先生通过不懈努力使纸管作为建筑结构材料获得日本建筑法的批准，并带着不断改进的纸建筑，致力于志愿者与联合国难民救助活动，对坂茂先生更是肃然起敬。

2. 坂茂建筑观的形成

　　坂茂在美国库伯联盟学院（Cooper Union）学习时，有幸结识了建筑家埃米利奥·安巴斯（Emilio Ambasz），安巴斯作为建筑师的自立方式和现代主义的建筑设计理念对他产生了极大影响。毕业后坂茂在协助建筑摄影家二川幸夫先生进行欧洲摄影旅行期间，又被芬兰建筑大师阿尔瓦·阿尔托的建筑深深吸引。阿尔托的建筑对地域环境、场地关联和材料朴素、本真的表达以及纯粹的建筑形式与多元的空间呈现彻底颠覆了他的建筑观，让他回到了从研究构成空间的材料以及建构方式来思考建筑的原点，并逐渐形成了以简单、经济、实用的材料及建构方式为原则，追求纯粹与本真的建筑空间为核心的建筑观。于是他进入了一个更为微观的世界，考量着建筑的每一个元素，将这些元素分解成单个细胞再重新组合。这样经过脱胎换骨的建筑不只是一个简单的形态轮廓，而是散发着生命魅力的有机整体。法规、设计、技术、材料、建造，自上而下、由内而外地融为一体，这种完整成熟、操作简易的营建系统势必会成为一种主流趋势。坂茂了不起的地方在于他建立了一个从无到有的全新的建筑考量体系。但在我们看不到的背后，他的每一次前行都步履维艰，他孜孜不倦、锲而不舍的精神令人钦佩。

3. 纸建筑的由来

所谓生态观似乎与生俱来地渗透在坂茂的血液里，而他却朴实地说："我只是觉得浪费东西太可惜，想着用纸管做替代材料而已。"纸建筑就是在他这种朴素的思想中自然而然地产生的，他用建筑的设计、构造原理对材料、节点、建构方式、施工操作等不断探索，使想法实现并一发不可收拾。在推行纸建筑的过程中，坂茂又遇到了各种意想不到的难题和建筑法规的限制。他自己花钱将自家的别墅装修做成实际项目，联系纸管厂家做各种结构试验，求教结构专家，在材料和构造、结构性能等问题上一一实现了突破，拿着试验数据与政府和专家不断沟通，终于获得了日本建筑法的批准，实现了纸管材料用于建筑结构主体的合法化。坂茂始终在创新研发中不断探索，他既善于发现常见材料诸如纸筒、包装材料、集装箱等的新用途，又能巧妙有效地应用诸如竹子、织物、光伏板、再生纸纤维、塑料等非传统材料。他不仅致力于结构创新，还在工具和技巧上拓宽了建筑领域，着实令人叹服。

5. 坂茂作为建筑师的社会责任感与人道主义救援

坂茂将本书的副标题定为"建筑师能为社会做什么？"，书中也一再提到他的这样一个思考，可见他把自己的职业不仅仅定位于兴趣爱好和谋生手段，而是上升到了个体对于社会的价值这一层面。在这样一种崇高人格的感召下，他的纸建筑具有简单易操作、经济实用、可回收再利用的特点，顺理成章地与志愿者活动、人道主义援助以及联合国难民救援机构联系了起来。细读本书，令人深切地感受到坂茂先生在救灾过程中不遗余力的付出表现出了人性的大爱和一个建筑师对于社会的高度责任感，是我们所有人、所有建筑师的榜样。潜心钻研、执着坚定、朴实节俭、不图虚名，由内心深处由衷地散发出对人的关怀、对物的关爱、对社会的责任感，这就是坂茂其人。

王兴田

2017 年 9 月

前言

任谁都会认为，所谓"纸建筑"，不可能指人们居住的建筑是由纸做成的吧？也会有这样的疑问：难道不考虑"防水""防火""强度"吗？但是，我把这些疑问都一一解决和证实了，并在世界范围内使"纸建筑"史无前例地在日本付诸了实施。这其中有永久性建筑，也有地震灾害后建造的临时建筑。如今，"行动起来"的纸建筑已不仅局限在日本，1999年的土耳其地震、2001年的印度地震后的临时住宅、2008年中国汶川地震后的第一所临时小学（至今仍在使用中），以及2000年德国汉诺威世界博览会中面积为3090平方米的日本馆，可见，纸建筑已在世界各地实现。

构想出这样的"纸建筑"的契机，只是简单地出于东西扔了"太可惜"的心理。1986年着手开发时，环境问题、生态问题还没像现在这样沸沸扬扬，因此即使没有特别地意识到生态等问题，不依靠尖端技术，材料并不结实，仅凭借着站在新视角使用身边的东西这一点，就能做出对环境不产生负荷、美观且牢固的建筑。

另外，我单纯地从希望自己所做的事情对社会有点儿用的心情出发，持续地做着志愿者活动，而在21世纪，我们日本人更应该担当起走上世界舞台，做出国际性贡献的角色吧！想着这些事情我写了这本书。对志愿者、非政府组织（NGO）、建筑以及联合国活动有兴趣的朋友，若能于我，作为一个建筑师的挑战给予一些启示的话，我将不甚欢喜！

坂茂

目录

第一章　阪神・淡路大地震

1. 鹰取教堂

1995 年 1 月 17 日，日本关西地区发生了阪神·淡路大地震。这是一件令人震惊的事件。因建筑倒塌许多人失去了生命，尽管那不是我直接设计的建筑，但不由得让我感受到作为建筑师的一种责任。地震发生后，医生、普通百姓以及非政府组织都立刻加入了志愿者行列。我也不禁思索起身为建筑师的自己究竟能做些什么。

长田区的天主教大阪总教区鹰取教堂（图 1）内聚集了众多的越南难民（即所谓的 boat people）。一月末，我抱着姑且先帮着做点什么的想法去了教堂。从关西机场乘坐轮渡到了能到的地方，然后走到三宫车站，为换乘大客车排了 1 千米长的队去寻找鹰取教堂。当时教堂的名称、地址我都不知道，仅靠着"烧得只剩下基督像的教堂"这一点，在被损毁的大街上转来转去，结果恰巧遇到了从东京赶来的《朝日新闻》记者大岩百合，在《朝日新闻》的神户分社问到了教堂的地址。那晚我因连住的地方都没有，只好提了过分的要求住进了《朝日新闻》记者们下榻的有马温泉[1]的大房间里。

之后的周日，我赶去参加了早上 9 点 30 分开始的鹰取教堂的弥撒。在长田区海运町的教堂的周边，是地震后火灾最为严重的地方。惨状如同照片上见过的东京大空袭后的街道一般，我心中很难理解和接受

---

1 有马温泉（Arima Onsen）是日本关西地区最古老的温泉。它是在 8 世纪由佛教僧人建造的疗养设施。它位于兵库县神户市北区有马町，是日本三大著名温泉之一（另还有下吕温泉、草津温泉）。——译者注

眼前的事实。废墟的尽头，是鹰取教堂的遗迹。在未被烧及的基督像（图2）一侧的露天处，从避难所、公园的帐篷村聚集来的各国籍的人们，围着篝火，怀着同样的心情做着弥撒。鹰取教堂虽然自身全面遭灾，但仍然成了该地区复兴的志愿者基地。想着能帮鹰取教堂和聚集在那里的人们做些什么，我向教堂的神田裕神父提出由"纸建筑"来作为临时建筑的提案时，神父却对我说，"我认为教堂倒塌了才成了'真正的教堂'"。也就是说，真正的"教堂"并不是有看起来宏伟的殿堂，决定它的是人们的精神在不在那里，这才是重要的事情。神父还说："现在城镇已满目疮痍，教堂周围的街道重建起来之前，不打算重建教堂"。神父的话令人感动，但反而让我更坚定了为聚集在此的人们做些事情的想法。在东京的工作以及在联合国的工作（后面我会做叙述）的间歇，我一直往来于教堂。于是逐渐获得了神父的理解，商定"如果全部由我自己募集建设费用和志愿者，不如建造一个居民能聚集的社区大堂"。但好像神父并没有想到我可以筹得那么多的建设资金和志愿人员，并不十分认为这是可行的事。然而马上着手设计的我，在下一个周日的弥撒时间又回到了神户，并向他展示了刚做出来的模型，他好像被我如此快的速度惊到了。就这样我开启了周日早上乘坐5点56分东京始发的"希望号"新干线，赶去神户参加9点30分开始的鹰取教堂弥撒活动的行程。

图 1 因地震损坏的鹰取教堂

图 2　幸免于地震灾害的鹰取教堂基督像

2. 纸制的社区大堂——"纸教堂"

教堂烧塌之后，建造了应急保健室、食堂等装配式建筑。中间空出一块 10 米 ×15 米的土地，是给我们建造纸制社区大堂用的。纸教堂外部是长方形，被低成本的聚碳酸酯波纹板所包裹，内部是以 58 根纸管（长 5 米，直径 33 厘米，厚 1.5 厘米）建构成的椭圆形空间，里面能配置 80 个座位。这个椭圆以正三角形为构图基础，构想来自于巴洛克时代的建筑师贝尼尼（Bernini）为罗马教会建造教堂时所使用的椭圆概念。利用纸管构成的椭圆形与外墙之间的空间，形成一个回廊，椭圆形内侧长周的纸管排列紧密，作为舞台及祭坛的背景，椭圆形入口处的长周纸管则间距较大，以利出入，若将前面的窗框全部打开，可使内外空间连成一片。这样的设计引导人们经过回廊进入正厅，营造了如同进入宏伟教堂时所体验到的同样的空间序列感。进入大厅之后，屋面棚幕透射入内的阳光，令人有种向上升华的奇妙感受（图 3 至图 6）。

这座建筑设计的最初目的，是作为小区的集会中心，但周末亦作为教会的弥撒场地。仿照神田教父"教堂倒塌了才成了真正的'教堂'"的话语来说，我想也许这个社区大堂正是由于有了捐赠人以及建设志愿者们的爱心才成了一个真正的"纸的教堂"（图 7、图 8）。

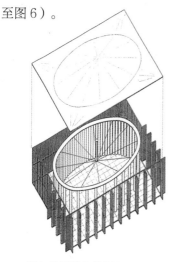

图 3 "纸教堂"概念图

图 4 纸制的社区大堂"纸教堂"

图5 "纸教堂"夜景

图6 上："纸教堂"前的基督像　下：纸管列柱

图 7　"纸教堂"完成后第一个弥撒的清晨

图 3 "纸教堂" 的第一个陈列的教堂

3. 建设资金与志愿者的募集

当时与神田神父约定，募集社区大堂的建设费用和招募建造志愿者都由我来负责。比起设计本身，首先筹款这件事就让我大费周章。我在一家画廊为募集捐款举办了展览会，并托人在报纸上刊登了这则消息，也在广播中呼吁援助，还给所有认识的建筑相关企业里的熟人打了电话。大部分公司的回应都是或者刚向红十字会捐了款，或者表示虽说是社区大堂，但他们不能向特定的宗教团体捐款。但即便如此还是有读了新闻报道或听了广播的人们以及我的亲朋好友以几千日元、几万日元的数量捐了款，此外还有办演讲会的讲演费等，善款开始一点点筹集起来。

那时，我给韩国建筑杂志的主编李宇宰（音译）先生发了关于这个计划的传真，之后我突然接到了说是他介绍的首尔天主教组织"one heart and one body"的姜秉植（音译）先生操着一口流利的日语的电话。在电话里他说他对这个计划深有同感，所以希望我将计划书发给他。大约过了一个月，我收到了他近 200 万日元的捐款，在此向他表示特别感谢！还有平成建设的高桥松作社长,虽然家有丧事母亲去世,他还是在葬礼的奠仪环节，制作了印有"纸之教堂"模型照片的电话卡，附上募捐的宗旨作为对奠仪的回敬物品，并将剩下的100万日元全部捐给了我们。尽管这样还是很难筹集到所定目标的1000万日元，后来很多建材商以捐赠建筑材料的形式来代替捐款，最终达到了筹款目标。

招募建设志愿者比起募集建设资金要容易得多。除了从广播中听到我的呼吁而来的佐川快递的人员，参加展览会、看报纸或杂志得到消息而来的一部分市民，大部分志愿者是我在几个大学演讲号召时聚集起来的建筑系的大学生。这些建设志愿者们，多人挤在教堂的预制式小屋里，虽然住宿条件有限，但一日三餐都是由教堂信徒为他们做的美味饭菜（很丰盛且比学生平时的饭菜要好）。因为到鹰取教堂的交通费需自己负担，我最初是辗转于关西的大学开演讲会的，意想不到的是招募的结果却并不理想，所以决定在关东的大学也巡回开演讲会。虽然到神户要花费几万日元的交通费，但高兴的是聚集了很多希望参加的学生，最终有160多名建设志愿者应征。这样一来，建设资金、建筑材料和志愿者都已经到位，我们决定在学生进入暑假的七月底动工（图9、图10）。

图 9 志愿者建设"纸教堂"的场景(一)

图 10 志愿者建设"纸教堂"的场景(二)

4. 志愿者负责人和田耕一

这次以阪神地震后重建鹰取教堂为中心的一系列志愿者活动，若是没有与神田神父以及鹰取救援基地的志愿者负责人和田耕一先生（第50页照片右上方之人）相遇的话，也许就不会成为现实吧。四月份的某个周日的弥撒后，神田神父向我介绍了和田先生，希望我在实际推进计划时可以与他商量。和田先生是鹰取教堂的信徒之一，地震后他住进了这个受灾的教堂，全程指挥着救援活动。他是一名平面设计师兼画家，震灾之后，在建筑或集装箱的墙壁画上壁画，将阴沉的街道装点得明朗快活。

当时，在建筑师黑川雅之的介绍下，我在东京松屋银座的设计画廊举办了"纸教堂"建设资金募集展览会，而且接受了参加此次展览会的某报社的采访。在采访中，我说明了这个建筑主要是作为社区中心，偶尔也会用于弥撒，并且募捐的目标是材料费1000万日元，建造则由志愿者学生进行。但是，因为被问到如果不用志愿者来建造的话需要多少建设费用，我回答虽然不知道准确数字，但我想可能要花费翻一倍的费用，即2000万日元。于是几天后，报纸上登出了一则大新闻，附带教堂的模型照片，报道内容与我说的完全相反，写了建筑主要用于教堂，也作为社区中心使用，而且建设资金需要2000万日元。

这条新闻出来后不久我去了鹰取教堂，神田神父因为这条新闻的缘故受到周围人以及内部志愿者们的抵制，引起了很大骚乱。虽然因我事前给神田神父看了新闻稿（交给报社的企划书），他相信是报社记者擅自更改了内容，但很多人都逼迫神父道：神田神父之前说的"城镇复兴之前不重建教堂"的话不算数吗，要花费 2000 万日元的建筑我们不需要，把钱花在其他更需要的地方多好……本来我只是周日偶尔在教堂露一下面，只认识神田神父和最近约见的和田先生，但仍能感觉到来自那些住在教堂里的许多志愿者冷淡的目光。这则报道在当时引发了很多问题。

与神田神父商量了善后措施后，和田先生约我在教堂外见面，我们在茶馆碰了头。和田先生对我说，这个计划神田神父是赞同的，并获得了上级教区的许可，自己也觉得这是个好规划，所以全力支持我。但是，教堂内部的其他志愿者中存在反对建设这样的建筑，即使建造自己也不会帮忙的想法。像我这样的外人偶尔来一下，没有听取大家的意见就制订了一个大计划还上了报纸，那些住在教堂、每天勤恳地参加志愿者活动的人们不能理解也是自然的。和田先生也说他个人会协助我，但做不到轻易地改变大家的意见和情绪，现在的志愿者不会参加这个计划，所以会尽量单独去招募志愿者。

事情发展成这样虽然令我非常震惊，但和田先生那强有力的语言和态度极大地鼓励了我。他平时是一个很严格的人（外貌看上去也有点吓人），每天都大声、严厉地训斥着志愿者们。然而实际上他是一个很和蔼的人，经常召集年轻人给他们讲各种有意义的事情。我的一名常驻教堂的女员工，总是被他的话说哭了，大家甚至给她起了个绰号叫"小泪人儿"。总之，这次的计划若是没有他的帮助是实现不了的。

5. 临时住宅"纸木屋"

　　地震灾害后，政府下令紧急建设尽量能让避难所的人全部搬入的临时住宅。于是我四处参加像建造临时集会处这样的社区支援活动。可是到了六月份还有很多人没有搬去临时住宅，仍在公园过着盖着蓝色罩布的窘迫的帐篷生活（图11）。我问了每天都去教堂的越南人，他们要么在长田区的塑料鞋厂干活，要么做着修理废旧电器或设备的工作（有些富家人丢弃的、还能使用的电视机、摩托车等电器或设备修理好后出口到越南），所以如果搬到每天上下班要花一个多小时的临时住宅，他们就不会被雇用了。另外，他们的孩子们好不容易适应了外国孩子居多的长田区的中小学校，担心再去外面的学校会被欺负，因此不得不继续过着帐篷生活。但尽管如此，他们也不能继续在这种下雨了地板会被淹、晴天室内温度会升到40℃的不卫生的环境下生活。而且，刚遭灾后的一段时间内互帮互助生活的近邻们，经过几个月已经回归基础设施（电、煤气等）完善的正常生活，也开始觉得公园的帐篷村肮脏、可怕，就像个贫民窟。到了六月份，政府方面以及近邻们都开始希望住在公园帐篷里的人们尽快搬出。我得知了这一消息，认为有必要为还没有去处的人们紧急提供适合居住的临时住宅。不但要卫生，而且还是有计划地配置外观整洁的住宅。于是我紧急设计了"纸木屋"，决定靠自己的力量先建一座。

图11 公园的帐篷村

设计的基本理念是便宜、谁都可以简单地组装、冬夏具有隔热性且景致美观。于是，我设计了一座地基是放有沙袋的啤酒箱、墙壁用纸管（直径 108 毫米、厚 4 毫米）、天花板和屋面用的是帐篷，像圆木屋子那样的小房子（图 12、图 13）。向制造商借用的啤酒箱在组装的时候可以代替垫脚（图 13）。墙壁的纸管与纸管之间插入带有胶条的防水用海绵胶带并从两侧紧固。帐篷屋面与天花板分成两层，夏季打开屋面两端的山墙以通风，冬季关闭以保暖。材料费一户 16 平方米左右大约需要 25 万日元。与其他的临时住宅例如组合式预制房或货柜改造房相比，"纸木屋"的优点在于材料费便宜、外行人也可以在短时间内组装好（图 14）。另外，一直以来临时住宅的拆卸比较困难，废弃材料处理还要花钱，而使用啤酒箱和再生纸做的纸管建成的"纸木屋"在这方面却有优势。拆卸外行人也可以在短时间完成，纸管变成再生纸，啤酒箱还给啤酒厂，都可以再利用（图 15、图 16）。

今后各地方政府应该考虑临时住宅的储备问题。很难估计是需要几万间，还是几十万间的量。还要考虑储备场所的问题，另外，如果从其他地方运过来也存在紧急情况下的交通问题。而如果是"纸木屋"的体系，地方政府只要保存好作业手册即可。纸管在必要的时候需要多少制作多少也可以。

顺便说一下，一间房以 16 平方米为单位是联合国向非洲难民提供的避难所的标准面积。而且这种具有隔热性能的"纸木屋"，也兼具了在非洲等热带地区以外也可使用的难民避难所的试开发功能。一间房 16 平方米，对于白天基本在户外活动的非洲难民一家五口可住一间，在长田区有大孩子的家庭基本考虑住两间。并且考虑两间房之间取 2 米的间隔，架上屋面形成共用空间。

图12 建有"纸木宅"的新凑出公园

图13 "纸木屋"

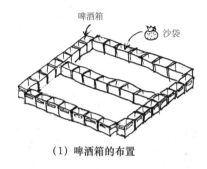

（1）啤酒箱的布置

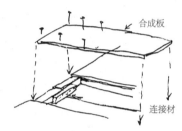

（2）地板的做法及节点

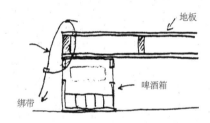

（3）地板与啤酒箱的固定方式

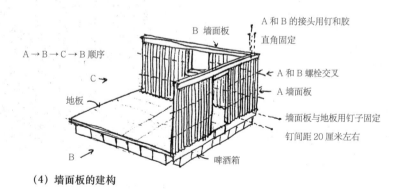

（4）墙面板的建构

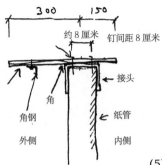

（5）角钢用螺栓固定在木压顶下

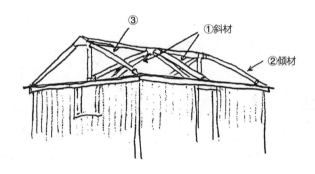

（6）倾材的装配

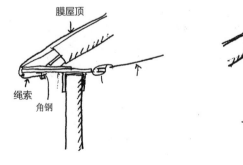

（7）膜的装配

图 14 "纸木屋"操作顺序

图 15 啤酒箱为地基的"纸木屋"外部

图 16　啤酒箱为地基的"纸木屋"内部

6. 捏造事实的媒体

　　某电视台导演想把我的"纸木屋"建造过程拍摄成纪录片，所以一直来采访。我不能理解的是他已经擅自把故事编好了，如若与他编的故事不一致，他就强迫我按照他的故事来演绎。他编写的故事是这样的：我们为了越南受灾者拼命建造临时住宅时，渐渐了解情况的越南人也和我们一起努力作业，完成了住宅建设。我们的志愿者是平日工作、周末休息的，而越南人平日因为要做自己的工作，只有周末才能帮忙。也就是说，不可能拍摄到他们与我们在一起工作的场景，并且我们也没有理由让他们来帮忙，可电视台的导演却坚持说必须这样拍。对此我们表示反对，他竟然开始教训我们说我们不努力。最终我拒绝了按照他写的故事去做，他马上改编了故事，请了一个越南鞋匠，让他演的角色是在震灾后，逐渐开始做起了他很久没做的鞋子，最后为神父做了一双鞋并作为礼物送给了他。在拍摄那个越南鞋匠居住的"纸木屋"时，用大吊车由上往下做了一个巨幅布景。还要求越南孩子们在那儿四处玩耍。为什么要做成那样呢？好像是为了打动人心，在电视里呈现出的画面是最重要的，而事实却是次要的，这种做法令人感觉蛮横粗暴。过分注重戏剧性，只考虑画面感，难道全然忘记了真正的纪录片应该是怎样的，原本的电视报道应该是怎样的，也忘记了新闻工作者应有的形象？

7. 志愿者是为了谁?

我事务所一名关西出身的年轻员工被派到神户的工地作为现场监督，可是他却在教堂惹了麻烦。发生情况的那天我和大家一起在现场一直待到傍晚，我回去之后，这名员工好像是喝醉了与人发生了口角。其他志愿者对他发牢骚说没按计划推进等，他说："作为志愿者为你们干活为什么还要被你们批评？"听了这话，和田先生、神田神父以及其他志愿者们勃然大怒，放话让他拿着纸管即刻走人。第二天早上五点在电话中得知此事的我，连忙赶到教堂向大家道歉并让他回东京了。最后派了其他两名员工作为专门的现场监督常驻此地。我也决定在工地住一周左右直到此事平息为止。

当时，我就在想"志愿者是为了谁在做事呢？"当然初衷是怀着为受灾者做点什么这种坦率的心情。但是在参加志愿活动的过程中，自己也开始怀疑所做的事情究竟真的能帮到受灾者吗。虽然如此，间接的帮助也好，或者现在不能立即帮到他人也罢，相信总有人会因此而欢喜，或者意识到"志愿者最终还是为了自己"的时候，开始从"为了谁"或者"被认为是沽名钓誉的行为"这种迷惑中解脱出来，建立起能在自然状态下继续参加活动的自信。

8. X日坚定进行"纸木屋"的建设

七月初我在长田区南驹荣公园建造的第一间"纸木屋"广受好评,在以鹰取教堂神田神父为核心的受灾越南人救援联络会的支援下,决定建造30间供越南人和日本人居住的"纸木屋"。原本只有建设"纸教堂"的计划,现在要同时推进临时住宅"纸木屋"的建设,工作和辛苦都翻了倍,但这件事从结果来看,它与之前我的计划得不到原有志愿者们的支持,互相之间关系不融洽的状况有紧密联系。

30间"纸木屋"的材料费在受灾越南人救援联络会的支援下筹集到了,不过建设志愿者的人数如果只有我为"纸教堂"召集的那些人的话是无论如何也不够的。于是神田神父向和田先生建议,通过将"纸木屋"建设作为鹰取救援基地的一个项目,就可以把救援基地召集的原有志愿者和我们的志愿者合在一起承担建造工作。

然而,预定在南驹荣公园建造"纸木屋"遭到了南驹荣公园日本自治会的强烈反对。南驹荣公园的帐篷村社区关系非常复杂,包括日本人与越南人之间,甚至越南北方人与越南南方人之间。越南人的帐篷分布在南驹荣公园的道路旁边,呈L形,将日本人的帐篷围在中间。日本居民对于政府方面是否会强制拆除帐篷充满了紧张感,在向政府表示"反对搬迁"的意见的同时,也强烈地反对住在已经成为街垒的路边帐篷里的越南人搬到预定建于公园空地上的"纸木屋"里。于是,我时而去日本自治会,时而给他们写信表明这个计划的本意。但是还是得不到理解,最终神田神父指示,南驹荣公园暂且放一放,先在只有越南人居住的、问题比较少的新凑川公园建设"纸木屋"。

那时候，我们对媒体已经有点敏感了。因为之前关于"纸教堂"展览会的错误报道给教堂添了麻烦，而且在公园建设临时住宅"纸木屋"这件事本身违背了政府的方针，如果让媒体提前报道这个计划，恐怕会有各种麻烦。因此，我们拒绝了所有媒体并封锁了入口以免后患，这下又以"秘密地在做什么不好的事吧"这样一条新闻登在周刊杂志上。

不管怎样，计划排除一切媒体免被打扰，首先将在新凑川公园建设的6间房的材料在教堂中进行预制式加工，1人1间培训6名负责人，用一天时间很快完成。对志愿者们，也不说何时、在何地建设的事，把建造日设定为 X 日推进准备工作。X 日，定于 8 月 5 日，在前一天中午，由和田先生将此事告知了全员。

那天晚上有几个成员熬夜去新凑川公园占地方。因为到了早上我们的建设用地就会被违法停车的车辆占领了。凌晨两点左右我们将 6 间房的建材全部装上了卡车。早上 6 点从教堂出发，6 点半动工。包括负责人一共 10 人分为 6 个小组，加上供给材料、准备水和午餐的后方支援人员，总共 80 人左右参加。

由于新凑川公园离长田区政府很近，也是区政府职员的通勤路之一，考虑到万一与政府官员有冲突（被命令停止），我与和田先生，还有 Genn 先生（开设铁桶澡堂、不声不响地一直做着木匠活的志愿者中的要人）等有点名气的所谓领导按照神田神父的要求在上午 8 点到 9 点之间躲在附近的茶馆里。不过我们没有遇到任何麻烦，从开始组装到 8 小时后的下午 3 点，顺利地建成了 6 间"纸木屋"（图 17 至图 20）。

图 17 "纸木屋" 的志愿者建设场景 (一)

图 18 "纸木屋"的志愿者建设场景(二)

图19 "纸木屋"的志愿者建设场景（三）

图 20 安装纸管墙壁

　　神田神父之前去了神户市政府、长田区政府，与他们协商建设"纸木屋"的事。神户市政府完全不予理会，而长田区政府好像在一定程度上表示了理解。政府官员不可能这么简单地允许这种在公园建设临时住宅的违法行为，我认为作为官员所能给予的最大限度的协助也就是"默许"了。事实上，当时区政府已经在公园的各个地方都竖起了禁止建设临时住宅的牌子，而我们的"纸木屋"附近却没有。

　　这次在鹰取救援基地开展的大行动计划的实践，因为大家一起付出了汗水，原有志愿者和我们这些新志愿者间之前不顺畅的关系忽然得到了改善，彼此间加深了理解，建立了极好的合作关系（图20、图21）。

　　这之后，我们在政府正式同意建设临时住宅的南驹荣公园又建造了20间。9月10日鹰取的"纸教堂"也完美完工。神户虽以基础设施为中心在踏踏实实地重建，但至今仍遗留下很多各种各样的问题。将来要迎接全新的局面，我们的支援也将是持续的、并且必须是与时俱进的。

9. "家具之家"提案

　　阪神大地震一年之后,临时建筑的时期已经结束,建造永久性建筑的时候到了。政府及开发商投资的集合住宅接连不断地投入建设,但像长田区等地原本那种小的木构租赁住宅(统称文化住宅)集中的地区,却完全不建原来的那种公寓了。于是,我试着拜访了持有那种公寓的房东们,大部分人都是高龄,自身也遭灾住在临时住宅里。他们对我说:"现在精神、身体、经济上都不允许他们重建公寓了。把土地卖了,自己能住进高级公寓也就可以了。"我非常理解他们的心情,但他们一旦卖掉了土地,就不可能重建之前那种低房租的木构租赁公寓了,房客们也就回不到原来居住的城镇。所以,在城镇建设市民财团的支援下,我们开始运用之前开发的"家具公寓"预制装配式住宅体系,建造低成本公寓的活动(图 21 至图 23)。

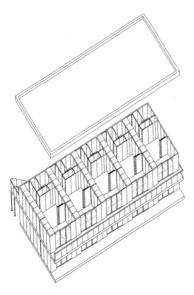

图 21 "家具之家"提案概念图

图 22、23 "家具之家"室内；"家具之家"建设场景

　　阪神大地震的时候，我常听说因为家具翻倒砸伤了人，或者相反幸好夹在家具的缝隙间获救了这样的事。可见，家具既能伤人又能救人。

　　"家具公寓"体系就是利用家具的强度作为建筑的主体结构。这个系统的做法是，完成内外面隔热处理及加工的家具，在当地的机械化家具厂制作后搬入现场。家具的组合件都很小（宽 90 厘米，高 240 厘米，深 45 ~ 75 厘米，重 70 ~ 130 千克），因而搬运、制作时不需要拖车或吊车，可以简单地组装。针对阪神地区人手不足、道路狭窄等恶劣条件，这个体系也是适用的。公寓的房间布局大多都一样，可以高效利用批量生产的家具组合件。另外与隔壁房间的隔断，比起建一道墙，家具的隔声效果会更好。

第二章　纸是进化的木材

1. 材料不结实也可以建造结实的建筑

所谓"纸建筑",是使用纸管即纸筒作为结构材料的建筑。最初用纸作为结构材料的例子是,1952 年美国的建筑师理查德·巴克明斯特·富勒(Richard Buckminster Fuller)用瓦楞纸板的纸建造的网格球顶(由三角形多面体组成的球形穹顶)。富勒使用的瓦楞纸是平面材料,而纸管属于线材,能做成柱子、梁和框架。

不是什么特殊材料,纸管在我们的日常生活中用得很多。比如,厕纸的卷芯、传真的卷纸的纸芯、放奖状的纸筒、建筑领域制造混凝土圆柱时用的模具。用作混凝土模具时,因为要放入含有很多水分的泥状的混凝土,所以是完全防水的。日本传统的油纸雨伞也是用纸做的。总之纸是一种能轻易防水,像壁纸那样还具有耐燃性的高端材料。

普通的纸管是由再生纸制成的。再生纸在制作过程中纤维断裂,所以强度较低,如果使用纸浆直接做的纸,纤维长可以做强度更高的纸管。并且,假设用高科技甚至能做出来比木材强度更高的纸管。然而,我本人对于开发强度更强的纸管这件事并没有兴趣。一直以来建筑材料的发展方向在于开发更强的材料,使建筑结构能更加天马行空。但我却认为强度弱的材料也能搭建更强的结构。也就是说材料本身的强度与用它建造起来的建筑自身的强度完全没有关系。比如在阪神大地震中,许多钢筋混凝土的建筑倒塌了,而许多木质结构的住宅却完好无损。建筑的强度,是与根据各自使用的材料如何进行结构设计相关的,而且建筑本身越轻对其抗震性能也是越有利的。此外,还有那种正是因为使用了强度弱的材料才能营造出来的空间。希腊的建筑由于当时只能通过堆砌石头来造柱子和房梁,也正是因为必须把那种粗壮的柱子间隔较小地排成列柱状，才营造了一种独具庄严感的空间。因为纸是一种强度弱的材料，为了从结构上增加强度，要用粗柱排成列柱状，也就形成了纸建筑独有的空间。

在耐久性方面，材料本身的耐久性和建筑自身的耐久性是没有关系的。例如，对于欧洲这样拥有石造建筑历史的人们来说，他们一定会认为用既不防水又不能抗白蚁的木头建造的日式传统建筑不具有耐久性，看上去就像临时建筑一样，但实际上经历了 500 年以上的木造古建筑比比皆是。这其中的秘诀在于日本有木材接口和接头的技术。也就是说，将容易被水腐化、被白蚁蚕食的部位通过巧妙的接口、接头更换新的材料，并且一直保养，于是即使材料本身的耐久性不好，建筑的耐久性也能得到充分保障。纸建筑的成本较低，类似木结构那样的线材容易更换，而且还有纸管本身的优点。纸管是通过在铁芯上螺旋状缠绕带有黏着剂的纸胶带制作而成的，因此长度上可以无限延长，直径和厚度也可以一定限度地自由伸缩。另外，纸轻容易组装，还有可能成为移动式的建筑。

2. 纸管的强度与结构试验

在日本，作为建筑材料被普遍接受的当属木材、钢筋和混凝土了。在国外，石头、砖也被认可，但在日本因为地震较多而没有被认同。使用已经被认定的结构材料进行结构设计时，只要根据被认定材料的压缩、拉伸、弯曲强度进行设计即可。或者，即使是没有被认可为结构材料的例如石头、玻璃，只要使用它们已知的材料强度数值进行设计，获取认可也是不难的。但纸管因为完全没被当作建筑材料使用过，为了用它进行结构设计，需要从材料本身的强度试验开始，必须在日本建筑中心达到建筑基准法第 38 条的规定和建筑大臣的批准（现国土交通大臣的批准）。即使这样，一个虚构的项目是不能获得批准的，一般的客户也不可能支付连认定都没获得的材料的认定费用来委托我们设计，因此我决定自己出资将山中湖的别墅设计成一个"纸之家"。关于纸管的防水问题，我通过涂抹蜡、尿烷（即氨基甲酸乙酯）的液体和缠胶片等方式在临时建筑上进行试验，逐渐确认了其有效性。由于是第一次尝试，为防止没有长期防水方面数据的原因而影响结果，我计划把所有设计的纸管做的柱子放在屋内，作为没有受到水的影响的材料来测试。然后进行纸管自身的轴方向的压缩、拉伸、弯曲强度的试验（图 24），以这些数据作为设计的基础。接着对固定纸管柱子和混凝土基础的木质接合材料的连接强度进行了试验。此外，因为纸管与木材一样随着湿度的增高强度会减弱，为保证充分的安全率，我还进行了因湿度变化引起强度减弱的试验。

图 24 纸管弯曲试验

在建筑中心的认定过程中，我们的计划和试验结果虽由各个部门的专家（木结构、钢结构、混凝土等）委员进行审查，但因为没有纸结构的专家，就由木构专家来负责。委员们对第一次认定的材料都抱有疑惑，但因为由之前拥有众多业绩的松井源吾先生负责我们的结构设计和试验，所以顺利地让我们通过了。

3. "阿尔瓦·阿尔托展"展览会场

阿尔瓦·阿尔托（Alvar Aalto）是芬兰具有代表性的建筑师。我对他在现代感中挥洒地域性并熟练驾驭自然素材与有机曲线的建筑情有独钟，因此曾在芬兰寻访遍了他的建筑。

回国以后，完全没有建筑实际经验的我，开始在位于六本木的AXIS Gallery从事展会企划和会场布置的工作。在策划"阿尔托家具展"的会场布置时，我想要做出一点阿尔托味道的室内装饰来。但是预算有限，不能像他那样大量地使用木材，即使能够用，三周左右的临时展会结束后要拆除时，把用过的木材全部扔掉我觉得也太浪费了。

这时候，之前"埃米利奥·阿姆巴斯展"中用过的、卷着布的屏风的纸筒映入了我的眼帘。想着能不能用它们做些什么，就拿了许多回到事务所。这些纸筒因为是用再生纸做的，是茶色的，有一种树木的温和感。于是我去拜访了向桐生市卖布屏风的店提供纸筒的当地的纸管工厂。于是我知道了能做出低成本，长度、厚度、直径可以自由选择的纸管，并用它们做了"阿尔瓦·阿尔托展"的天花板、墙壁和展示台（图25）。使用后发现纸筒的强度比想象中还要好，脑海里一下闪过也许纸管可以用作建筑的结构材料这样的想法。这就是"纸建筑"的开始。

图 25 "阿尔瓦·阿尔托展"展览会场

4. 未能实现的最初的"纸建筑"与堺屋太一

作家堺屋太一给了我最初建造"纸建筑"的契机。在 1989 年的"海与岛展览会"（广岛）上，由他担任理事长的财团法人 Asia Club 提出要建造一个场馆（图 26），堺屋先生对我说，希望提供的方案不是使用钢或帐篷的高科技的东西，而是带有一些亚洲特色的低技术的建筑。作为启发他给了我一本伴野朗的《大航海》，是讲述中国明代航海家郑和率领船队下西洋的宏伟故事。这本书的主题可以归结为亚洲的海与多人种的"旋涡"。如何表现这个"旋涡"，我想到的是"阿尔瓦·阿尔托展"上室内装饰用到的纸筒。当我提出了将这种纸筒做成旋涡状作为场馆建造材料的方案时，堺屋先生如是说："能想到世界上没有的东西时无非有两种可能。一是发明它的人是天才；二是过去有人想过同样的事情，但迫于成本、技术、结构等问题没能实现。你并非天才，所以你必定是我说的第二种可能。所以请将纸管与其他材料做个比较研究。"这是堺屋先生坚持的从过往历史案例出发进行分析，这符合他的行事风格。不过，越调查越发现纸管有便宜、轻便等其他材料没有的很多优点，强度上比其他材料差一些，但我认为作为建筑材料它具有充分的可能性。最终，因为财团的其他人不想做没有先例的事情，很遗憾这个方案没被采纳，但是多亏了堺屋先生的建议，纸管建筑的可能性增大了。

这虽然是一次未被采用的"纸建筑"，可如今却有许多的"纸建筑"得以实现，并获得了世界范围的关注。它获得成功的重要原因可能与世界性的环境问题密切相关吧。确实，堺屋先生说的两个可能性从历史的角度看是正确的。然而现在我们的地球正面临着以前从未经历过

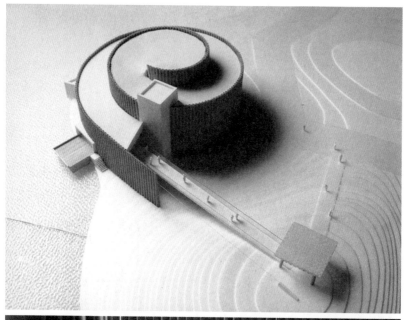

图 26 上：Asia Club 展馆（模型）　下：Asia Club 展馆（内部模型）

的重大问题——环境问题。我第一次提出用再生纸的纸管建造"纸建筑"的方案是在 1987 年。那正是日本开始进入泡沫经济的时候，"再生纸""循环利用""生态学"这些词语还完全没被使用。也就是说，因为出现了迄今为止从未考虑过的新问题，价值观、"生态学"方面产生了历史上没有的看法和可能性。在这方面，最重要的是"前无古人的想法"。现在老有人问我："您是不是考虑到生态学才开始做纸建筑的？"说实话我完全没有这种想法。就像前面提到的 1985 年在设计"阿尔瓦·阿尔拉展"的会场布置时，考虑到大量使用木材的预算，展会结束就全扔了也很可惜，所以只是想着用纸管做替代材料而已。不过仔细想来，与时髦无关，觉得浪费东西"太可惜"的想法，本来就是"生态学"的基本思想吧。

5. "水琴窟的亭子"

"海与岛的博览会"的场馆设计计划未能实现，之后，我的一位研究声景设计（Soundscape Design）的朋友鸟越系子小姐委托我为 1989 年的"世界设计博览会"（名古屋）做设计。即用 250 万日元左右的预算建造一座亭子，用来观赏江户时代的造园家发明出来的水琴窟[1]。尽管预算上比较紧张，但当时一心想着要想办法将"纸建筑"付

1　水琴窟是指一种日式花园装饰和乐器，其结构包括一个倒转的密封壶，流水通过壶上部的一个洞口流入壶内的小水池，从而在壶内产生悦耳的击水声音，其音像铃声或日本琴。水琴窟通常设立在手水钵旁边，而这些手水钵往往设立在茶室的入口处，供进行茶道仪式的客人洗手之用。

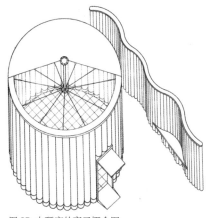

图 27 水琴窟的亭子概念图

诸行动，因为她说用纸能实现的话也可以，我就决定接受这项工作。这样，这就成了我建造的第一个纸建筑（图 27）。

在建造过程中，乃村工艺社的松村润之介先生不计盈亏，给了我很大帮助。在他负责"海与岛的博览会"时，就比任何人都对我的"纸建筑"提案很感兴趣，一直关注着实现它的可能性。所以对于建造这个亭子，在开发上他也很爽快地支持我。在结构专家坪井善昭和松本年史先生以及 Archi network 的平贺信孝先生的协助下设计进展得十分顺利，然而要做类似纸管的结构这种建筑基准法上史无前例的事情，必须要花费时间和费用去获得建设大臣的批准，但是这一次没有这样充裕的时间。于是根据在试验基础上的设计稿，在展会开始之前先在乃村工艺社的停车场上建好，并进行了各项检查，之后将它搬到了名古屋，因为建筑的规模小，顺利获得了参展许可。

结构上外径为 330 毫米，厚 15 毫米，长 4 米。将 48 根涂有石蜡能充分防水的纸管插入预制好的混凝土基础并摆成圆形，上方使用木制压缩环连接成一个整体。为了让室内通风，纸管与纸管之间以 3 厘米的空隙排开。从这些空隙之间，白天透进多条光带在室内飞舞，夜晚 48 根光带射向四周，建筑整体化身为一个照明用具（图 28、图 29）。

图 28　水琴窟的亭子夜景

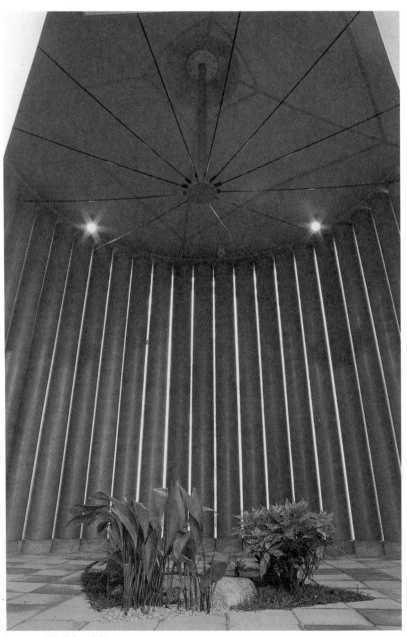

图 29　水琴窟的亭子内部

6. "小田原梦之节"主会堂

1990 年为纪念小田原市建立 50 周年，当地政府委托我设计一个临时的多功能厅。当时的小原田市市长山桥敬一郎先生（现已故）希望建造一栋木制建筑，但是因为无论从成本还是工期上都无法满足，所以我就提出了用纸管代替木材的"纸建筑"方案。市长对我"纸是进化的木材"这一说法很是认同，所以愉快地接受了我的提案。但这次的会堂是名古屋的水琴窟亭子无法相比的，是一个面积为 1300 平方米的多功能厅。因为建造如此大规模的纸建筑还是第一次，我也想到了各种困难，所幸市长决心已定，小田原市政府机关的各位官员和小田原市建筑业界的各位同僚前去名古屋水琴窟亭子参观学习，大家齐心协力参与到建设当中，使得会堂得以顺利建成（图 30 至图 32）。

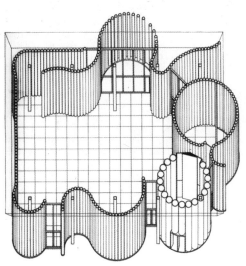

图 30 "小田原梦之节"主会堂概念图

图 31 "小田原梦之节"主会堂夜景

图 32 "小田原梦之节"主会堂内部

虽然属于临时建筑,但是从规模、用途上来讲都必须获得建设大臣的认定,但是这次依然没有充裕的经费和时间。迫于无奈只能用钢架构作为柱子支撑屋面,以此为主体结构,内外墙壁用了 330 根直径53 厘米、厚 15 毫米、高 8 米的纸管。这种情况下,纸管并不作为主体结构,而是将承受的风压传递给屋面与建筑基础的次要的结构材料。这种设计必须要获得小田原市相关部门的许可。于是之前帮我把关水琴窟亭子结构的坪井善昭先生认为这次有必要更正式地开展纸管作为结构材料的试验,他给我介绍了早稻田大学教授、著名结构专家松井源吾先生(现已故)。受益于松井老师的好奇心和热情,"纸建筑"有了更大的发展。

这个主会堂因为使用了钢结构,不能称之为纯粹的纸管结构。于是会堂的入口处我设计了一个用纸管作为主体结构的大门。大门不是"建筑物",而是"构筑物",因此不需要建造申请,也无须大臣的认定就造起来了(图 33)。

图 33 上左："心动的小田原梦之节"会堂的纸管列柱　上右：纸管卫生间　下：用纸做的大门

7.“诗人的书库”

　　“书是纸做的，书库用纸做也是可以的吧”，这个纸管的书库是按照诗人高桥睦郎先生认可的风格而建造的。形式上与上面介绍的小田原主会堂的大门一样采用预应力方式（在纸管中间放入钢筋，施加张力与纸管、连接节点黏合成一体的方法），不过这次设计了一个木制接头，不需要焊接等特殊技术就能简单组装的系统。那时候也已经进行了验证长年变化的蠕变变形（长年变化）实验，因此作为结构材料使用是没有问题的，但为了慎重起见，还是将纸管放到了室内免受风吹雨淋（图34）。

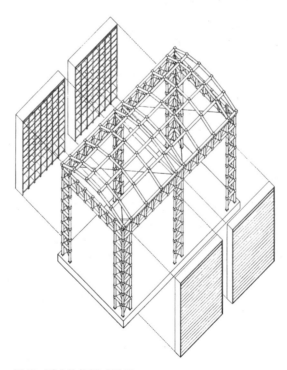

图34 “诗人的书库”概念图

这是将纸管作为结构材料的永久性建筑的第一次尝试。虽然没有获得批准，但是作为木造建筑取得了许可，安全性也通过试验得以确认。高桥先生说："松井老师如果说能保持半永久的话，就可以建造"，我并没有给高桥先生介绍松井源吾老师，但开工前告诉高桥先生，当时70岁的松井老师说："我在世的时间内不会有问题"，现在松井老师去世了，但是书库还在使用，并且一点儿问题也没有（图35至39）。

图 35 "诗人的书库"夜景

图36 "诗人的书库"内景

图 37 "诗人的书库"全景

图 38 "诗人的书库"从室内望向室外

图 39 上："诗人的书库"室内　左下：木头接合处　右下：建设施工

8. "纸之家"

到目前为止"纸建筑"都是作为临时建筑使用的，或者小规模试验性建筑开发的，为使其能成为永久性或者大规模建筑所用，对于建造建筑基准法中没有先例的新的材料和结构方法的建筑，必须取得建筑基准法第38条的认定。但是对于预算、工期都比较紧张的一般业主的项目来说，不具备拥有花费特别费用和时间边开发边设计的条件。于是，虽然没必要，时间也很紧张，但我还是设计了自己的别墅，然后申请了第38条的认定和建设大臣的认定，并经历了种种试验和审查会，终于在1993年2月获得批准。虽然取得了认定但因没有建设资金，"纸之家"在两年半后才得以建成。

别墅的地板（10米×10米）上110根纸管呈S形排列，正方形与圆弧的内外形成了各式空间。小圆形内部是浴室和与其相连的庭院，外面矗立着非结构性的作为围屏的纸管。由80根纸管围成的一个大圆形，形成了内侧的居住空间和外侧的回廊空间。回廊中直径123厘米的纸管是独立的柱子，内部构成了卫生间。大圆形的居住空间里面只有独立的厨房工作台、拉门及带有间接照明的可移动式壁橱散在其间，形成了共享空间。但是拉上拉门空间则分为LDK[1]和卧室两部分，将可移动式壁橱斜放后，卧室又可以一分为二（图41至图43）。

但我终究不是那种享受别墅生活类型的人，一年也就住上一两回，实在称得上是为之后的"纸建筑"开发制作的作品。

---

1 "L"指起居室（Living room），"D"指餐厅（Dining room），"K"指厨房（Kitchen）

图 40　"纸之家"概念图

图 41　"纸之家"外观

图 42 "纸之家"室内

图 43 "纸之家"全貌及室内细部

9. "纸之画廊"与三宅一生

我初次见到三宅一生先生,是我在矶崎新工作室工作的时候,在工作室举办的某个聚会上。原本就是三宅先生时尚作品"粉丝"的我,了解他的人品之后,一下子成了他的忠实"粉丝"。十年之后的1993年,当北山创造研究所的北山孝熊先生因策划三宅设计事务所的画廊而委托我做设计的时候,惊喜之余恍如梦境。

三宅先生的工作,不是表面的设计,经常涉及服装的材料、功能方面的新方案,它所包含的不仅仅限于时尚的理念。三宅先生可能因为自己以前做过纸服装的方案,对"纸建筑"也有兴趣。不知幸运还是不幸,因为是刚刚经历泡沫经济崩溃之后的设计委托,只有建个仓库这样的预算,"纸建筑"正适合。

这块20米×6.5米的长方形用地给我的印象是,在希腊的城市广场体验过的只有柱子和光影的空间(图44)。画廊中用纸管做的列柱在地上形成的条纹状的影子,随着时间的推移而移动,表达出生机勃勃的态势。隔出内部空间的纸管墙壁上,将天花板的影子呈曲线状映射出来,这是三维的空间体以二维的形式视觉化了(图45至图48)。椅子和桌子也是用纸管专门为这个空间制作的,后来意大利的Capellini公司把它们做成了产品(图49)。

1998年春天三宅先生的巴黎时装展,委托我用纸管布置会场。我用了7根直径为62厘米、长13米的纸管,按北斗七星的分布进行布置,模特若隐若现地走出来演出。这又是一项梦一般的工作(图50)。

图 44　古希腊的城市广场

图 45　"纸之画廊"概念图

图 46 "纸之画廊"夜景

图 47 "纸之画廊"室内

图 48 "纸之画廊"外观

图 49　纸家具（2015 年起，瑞士 Wb form 公司）

图 50　1998 年春，三宅一生巴黎时装展

10. "纸之穹顶"

有一天我突然接到了岐阜县下吕温泉旁边池畑工务店的社长池畑彰先生的电话，"能不能用纸造一个没有柱子的大空间作业场所啊？"要求是在积雪时期也能在野外作业时使用的空间，而且必须是他们自己就能搭建的结构。于是我根据用地条件和方便使用的原则，设计了一个跨度 27.2 米、中央高度 8 米、进深 22.8 米的大屋面拱形结构（图 51）。因为当时认为纸管无法弯曲成圆弧状，所以将圆弧等分为 18 个 1.8 米的直纸管，然后用集成材的连接节点连接。纸管的构架是这样的：以 1.8 米（外径 29 厘米，厚 2 厘米）×0.9 米（外径 14 厘米，厚 1 厘米）为单位分割，替代斜支柱，水平刚度由兼做屋面墙体和结构的胶合板来承担。然后在不影响刚度的范围内在胶合板上开了一个尽可能大的圆孔，通过聚碳酸酯波纹板透进自然光。

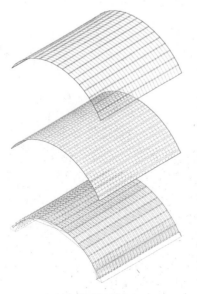

为了将湿气对纸管的影响减少到最小，将纸管浸在透明聚氨酯液内做防水处理。为使拱形结构受弯曲的力最小，将最小断面与连接节点完全结合在一起释放荷载，但积雪过后，两端的雪滑落只有中间部位有雪的时候载荷就变了，所以用钢筋的张力材料来补充强度。这种新结构也获得了建筑基本法第 38 条的认定（图 52 至图 54）。

图 51 "纸之穹顶"概念图

图 52 "纸之穹顶"夜景

图53 "纸之穹顶"内景

图 54 "纸之穹顶"纸管与木头的接合

11.2000 年汉诺威世界博览会日本馆

世界博览会（以下简称"世博会"）的场馆，历史上向来是新的建筑结构和建筑材料的试验场。例如，1851 年第一届伦敦世博会上的"水晶宫"，是一个以钢铁为骨架、玻璃为主要建材的建筑，现在则很普遍了；1889 年巴黎世博会上的埃菲尔铁塔；1967 年蒙特利尔世博会上美国建筑师弗雷·奥托（Frei Otto）建造的由钢缆结成的索网和支撑膜结构打造的德国馆；同样是 1967 年蒙特利尔世博会，美国建筑师理查德·巴克敏斯特·富勒（Richard Buckminster Fuller）的网格穹顶等均向世界做了推介。

能够设计世博会的日本馆（图 55），是我在学生时代就有的梦想，而这个梦想在 2000 年的德国汉诺威世博会上终于实现了，并且我仰慕已久的弗雷·奥托先生作为咨询顾问也加入了设计团队。

图 55 汉诺威世博会日本馆（德国）

汉诺威世博会承接了1992年在里约热内卢召开的联合国环境开发会议上提出的可持续发展理念,将环境问题作为最大的主题。我以此作为设计理念,以博览会后即使场馆拆除,也尽可能不要产生废弃物,大部分的建材都可以被回收或再利用作为设计原则,对材料和结构进行了思考。基本的结构材料是纸管。但是在建造"纸穹顶"时感受到的是,比起便宜的纸管,木质接头占总成本的比例太高了。想到纸管无论多长都能制作这一特点,于是设计了一种没有接头的网格状纸穹顶。这种隧道式拱形结构长度达到约74米,宽度约35米,高度约16米,长度方向来的风产生的横向的风荷载是最危险的,因此采用了对横向荷载有利的高度,并在宽度方向上形成三维曲线形的网格的两处凹陷,使内部空间也发生了变化(图56至图58)。

纸管之间的连接采用的是布带(聚酯胶带绑扎连接)。将两根纸管的交叉点由下向上推,在形成三维网格的过程中打开角度,给布带的连接节点增加适度的张力。而且纸管本身也经过旋转在平面上描绘出平稳的S形,这样就做成了结构容许范围内的三维动态的连接节点。

图 56 汉诺威世博会日本馆内部

图 57　汉诺威世博会日本馆夜景　　　　　　　图 58　汉诺威世博会日本馆 连接
　　　　　　　　　　　　　　　　　　　　　　　节点部分

　　此外，我还通过增加拱形木构架来加强纸管网格的刚性，从而固定屋面和纸膜材料。两榀拱形木构架以及与它垂直相交的椽子组合在一起形成梯子状的拱形木构架，在建设及维护过程中均可使用。

　　屋面两端山墙面也有必要使其具有刚性，因此我使用了木质拱形结构夹住纸管网格的端部，从建筑基底出来将钢缆拉住形成 60 度的网格。这个面上构成了一片边长 1.5 米的正三角形的纸蜂巢式的格子，格子里是排气用的百叶或膜。纸蜂巢与"合欢树美术馆"相同，蜂巢板材是用铝制的接头连接起来的。

　　建筑的基底是钢框架和踏板构成的填入沙子的盒子，拆除后方便再利用。

　　屋面用的膜也考虑可回收，用玻璃纤维增强了不燃纸的强度，反复试验了聚乙烯不燃胶片压制成的样品，终于获得了必要的强度和耐火性能。

第三章　留学

1. 决定去美国留学之前

　　我决定去留学有几个理由。第一，对国外有憧憬。我的母亲从事与服装设计相关的工作，在我小的时候她频繁地去欧洲，总是带回来各种很吸引我的礼物。我还记得母亲回来后，我怀着打开宝物匣子一样的心情，欢欣雀跃地打开她的行李箱。而且我从小学开始就很喜欢橄榄球，怎么也得去橄榄球发源地的英国或澳大利亚留学啊，所以我申请了奖学金以及留学交换生项目，但未能如愿以偿。到了中学时代，上了技术家庭课，我的住宅设计作业成绩出类拔萃，一次暑假作业设计了一座房子被评为最优并在学校展览，此后下决心成为一个建筑师，因此就想考橄榄球和建筑系都很有名的早稻田大学。当时听说早稻田大学建筑系入学考试要考素描，于是从高一开始每个周日都去一位画家的工作室学习素描。渐渐地越来越喜欢素描，高二开始每天练完橄榄球后，都会去夜校学素描。那年冬天，我被选为橄榄球队的正式队员，并参加全国巡回赛，我们成蹊高中代表东京去花园橄榄球场参加全国比赛。但是第一回合我们就败北，输给了大阪工业大学附属中学（现在的常翔学园），让我深感与全国高水平球队的差距。橄榄球上受挫的同时我发现比起理工类，自己更适合艺术类，因此将大学志愿从早稻田大学改为了东京艺术大学的建筑专业，高三时一边继续打橄榄球，一边进入了御茶水美术学院夜校的建筑专业（预备学校）学习。在那儿我结识了一位名叫真壁智治的非常独特的老师，并且深受他的影响。当时他的打扮是上身穿黑色衬衫，下搭工匠穿的黑色七分裤和金色网织靴子，用蛇皮发带绑住马尾辫，剃了眉毛，嘴巴和下颚处留着胡子。虽然自己夸自己有点不好意思，但是造型课题我很拔尖儿，别人做一个造型的时间我能做两个（图 59）。真壁老师发现后对我说："读东京艺术大学现在没什么意思，你去国外上大学怎么样？"那时偶然在真壁老师的公寓读到了建筑杂志《A + U》，有一期里面介绍了约翰·海杜克(John Hejduk)先生的作品和他执教的纽约库伯联盟学院(Cooper Union)。对于还完全没有学过建筑的我来说，约翰·海杜克先生的作品和他执教的库伯联盟学院是很有魅力的，我决定这就是我今后留学的方向。

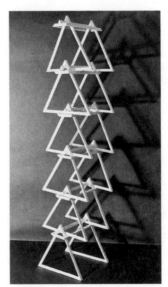

图 59　读御茶水美术学院夜校时期的造型作品

真壁老师对我的另一个影响，可以说是让我认识了矶崎新先生的建筑。他带我去看了建筑师矶崎新的代表作——群马县立近代美术馆，经他的讲解，我了解了这个建筑是怎样蕴含了各种新的理念，十分感动，并且那时我就决定将来要在矶崎新先生身边工作。

2. 南加州建筑学院（SCI-Arc）

去美国的初衷是可以在由约翰·海杜克先生担任院长的库伯联盟学院学习,可是在日本我完全没有获取库伯联盟学院信息的途径。因此,我先去美国了解了一下,一般的学校应该有9月和1月两个入学的时间,但是库伯联盟学院只能在9月份入学,当时想暂时先进一个大学吧,于是找到了南加州建筑学院（SCI-Arc）。我在洛杉矶的英语会话学校学习,所以有机会到加利福尼亚大学洛杉矶分校（UCLA）、南加州大学（USC）等几个著名的学校参观了一下,但我却更喜欢碰巧去的南加州建筑学院。入学考试是由大学校长雷蒙德·凯普（Raymond Cap）亲自给我面试的,我给他看了我在御茶水做的作业的作品集。校长给我点评了作品,结果是托福也不用考了直接让我上二年级。

南加州建筑学院,是1974年以曾是加利福尼亚工艺大学教授、建筑师雷蒙德·凯普先生为核心,由一群不认同当时的大学办学方针的老师和学生们创办的新学校。对于南加州建筑学院来说最初的课题便是如何将旧工厂改造成学校的校舍。到了我入学的1978年,这个改造后的工厂还作为学校的校舍在使用,学生们将桌子等用具搬过去建造各自的工作室来学习,这是其他学校所没有的一种独创的氛围。虽然当时还是一个没有名气的学校,但是代表加利福尼亚建筑新气氛的建筑师们,以雷蒙德·凯普先生为首,弗兰克·盖里（Frank Gehry）、汤姆·梅恩（Thom Mayne）等建筑大师都在这里教学,开设了令人兴奋的课程。以将瓦楞纸板组合起来做成的椅子而闻名的盖里先生，好像是在学校做了这把椅子的试制，虽然这把椅子已经成为纽约近代美术馆的珍藏品，但当时学生随意使用这把椅子试制品的样子，给我留下了深刻的印象（图60）。

在南加州建筑学院低年级的时候，我觉得有意思的课题是到山上去制作由理查德·巴克敏斯特·富勒发明的网格状穹顶，去圣莫妮卡海边放飞自己利用新的力学原理制作的风筝

图60 南加州建筑学院的讲评课场景

等。南加州建筑学院有许多实际的、独特的课题，我本来想待到库伯联盟学院入学之前，但是因为课程内容实在太有意思了，学校的氛围也适合我，所以就在那里学习了两年半，一直学到四年级完成学业。

3. 库伯联盟学院（Cooper Union）

1980年，在南加州建筑学院学习了两年半读完四年级的课程后，我转学进入了最初的目标院校库伯联盟学院。现在南加州建筑学院也是世界闻名的大学，库伯联盟学院却是成立于1859年的一所传统学校，而且当时它是美国唯一一所免学费的学校，因此竞争率也最高。库伯联盟学院的创始人是彼得·库伯（Peter Cooper），一位晚年富有的工程师。他出身贫寒也曾经勤工俭学，所以想为那些先天条件不好的

人开设一所学校,于是 1859 年他创办了库伯联盟学院。

　　库伯联盟学院的校舍是在 1889 年巴黎世博会以前建造的,那时还没有发明电梯,曾是工程师的彼得·库伯预测到将来肯定会发明竖向移动的机械,于是在校舍的建筑内留了一个空洞,放入了圆筒状的核心筒。室内改装的时候,继承他的遗志装入了圆筒状的电梯,我读书的时候,也曾在这个电梯厅做过演示,这个圆筒的形态也成了我建筑创造的原形,令我刻骨铭心。大空间内的圆筒使空间流动起来,这是我非常喜欢的,因此在我初期的作品中几乎都有圆筒。东京练马区石神井的集合住宅项目是我第一次设计有电梯的建筑,实现了在圆筒中放入电梯。

　　库伯联盟学院的校舍是由约翰·海杜克先生改装的。古建筑的外观,与经过海杜克先生改装的白色几何学形态的内部形成了鲜明的对比。海杜克先生对自己的作品太过喜爱,连我们在柱子上贴张纸都是被禁止的(图 61)。

　　听说美国的西部和东部就像不同国家一样有着很大的差异,在南加州建筑学院和库伯联盟学院我也受到了对比鲜明的教育。南加州建筑学院有着加利福尼亚的前卫的氛围,倾向于重视积极的、个性的东西,而库伯联盟学院却重视历史,教育我们只有立足于历史才能向前发展,我认为这是一种客观的理论,是可

图 61 库伯联盟学院

以说服人的重要的见地。古典建筑的学习是在库伯联盟学院获得的宝贵且有益的知识之一，不过，库伯联盟学院的教育与其说是建筑的实务性教育，不如说是利用建筑作为一种媒介来表现自己的想法，太偏向于抽象的方向了。

4. 约翰·海杜克的教育

对我来说，库伯联盟学院最大的吸引力还在于约翰·海杜克。海杜克先生个头虽大却很喜欢小而精巧的东西，我有时会往院长办公室里偷偷地望一望，发现他那大大的身材正摆弄着小小的模型，这情景给我留下了深刻的印象。

约翰·海杜克的教育手法和他早期作品的基础都有"9个正方形的格子"（9 Square Grids）。他对于这个课题做了如下说明。"9个正方形格子"的课题，是作为向新生说明建筑的教材而使用的。通过对这个课题的努力学习，他们在发现并开始理解格子、桩、梁、柱、壁、地板、环境、地域、边缘、线、平面、扩张、压缩、张力、转换等建筑词汇的同时，会意识到平面图、立面图、剖面图以及细部的意思，然后开始画图。接下来，画轴测法三维图，通过制作立体模型发现空间，体会二维的图纸和三维的模型的相互关系。

这一概念，在海杜克的"德克萨斯住宅"（Texas House）和"菱形住宅系列"（Diamond Series）等作品中得到了强烈的体现。此外，正如海杜克的"建筑诗学"这一词汇所示，把建筑作为题材进行思考，并作为表现手法，将诗三维化的尝试，在教育活动中以及他自身的作品中都得以浓墨重彩的展现（图62）。实际上，诗歌课程已经成了学生们的必修课。虽然如此，海杜克对结构力学非常注重，这门课是 5 年学制的必修课。这从他在罗马大学留学时，师从结构大师皮埃尔·鲁基·奈尔维（Pier Luigi Nervi）这一点也可以看出，约翰·海杜克下面的这句话表现了诗学与结构力学的关系：建筑师能创造出可实现的幻想（The architect can create illusion which can be fabricated）。

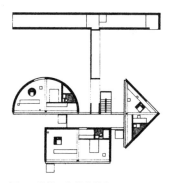

图 62　约翰·海杜克的作品

5. 矶崎新工作室

美国大学的建筑专业学制为 5 年。在库伯联盟学院大四结束时（所有从其他学校转来的学生都从二年级开始就读），我对毕业后做什么感到茫然失措。我考虑了几个选项，要么在美国继续攻读硕士学位或者就业，要么回日本工作。当时我对美国的建筑设计方面的信息比较了解，但对日本的情况却一无所知。于是我决定从库伯联盟学院休学一年，在日本工作试试看。如果说要在日本的某位建筑师那里工作的话，我只能想到从高中时代就向往的矶崎新工作室（图 63）。于是我在寒假回到日本，将在美国学习时候的作品整理成作品集展示给了矶崎先生并接受了他的面试。我笔试不太好，但实用技术和面试能力比较强，很幸运我被录用了。

四个学年结束后，回国（在矶崎新工作室工作）之前，我去了威尼斯旅游，走访了意大利文艺复兴后期的建筑巨匠安德烈亚·帕拉第奥（Andrea Palladio）的建筑。听闻矶崎先生的夫人著名雕刻家宫肋爱子女士正逗留在威尼斯利多（lido）岛的一个酒店。傍晚我去了那家酒店，在那等了几个小时，可惜没等到她。于是我从大堂的插花里拿了一枝蔷薇系在信上交给了前台。可能就是这样一封信的原因吧，宫肋女士对我很照顾，在矶崎新工作室工作时，比起矶崎先生的工作，我做的更多的是宫肋女士的雕刻模型的工作。

图 63 矶崎新的作品

在矶崎新工作室，我虽然做了一年左右，却很少有直接与矶崎先生说话、接受他指导的机会。但当时有许多优秀而且独特的同事，从他们身上我也受到了很多启发，比如现在独立做事并大显身手的八束初、牛田英作、渡辺真理、渡辺诚等人。他们都是很有独立想法和个性的人，而雇佣他们的矶崎先生的才能也非常让人叹服。

第四章　相遇

1. 才思泉涌的建筑师 埃米利奥·阿姆巴兹

与埃米利奥·阿姆巴兹（Emilio Ambasz）先生的相遇，对我作为建筑师的自立方式和作品理念的形成产生了非常大的影响。说是相遇，其实是我对他很有兴趣，在纽约库伯联盟学院上学时给他写了信想去拜访，然后才有了见面的契机。如果说我为什么对他感兴趣呢，一是因为他作为建筑师的自立方式非常独特，二是我想了解他涉及各设计领域、想法丰富的作品背后的理念。

阿姆巴兹1943年出生于阿根廷，大学毕业后，又来到美国求学，毕业于普林斯顿大学的研究生院，成为纽约现代艺术博物馆（MOMA）的设计策展人。从那时起他经常发表独特的展会策划、会场布置、平面设计、工业设计以及实施可能性极小的幻想的建筑等（图64）。他的设计外观很漂亮，而且充满想象力。例如，通过贴邮票的方式加封印、不需要留出抹糨糊位置的航空信封，兼作运输用集装箱的展会的陈列装置。不依靠主观臆想的设计而是通过有说服力的方案，总是让看的人发出"啊"的惊呼。我希望从他那里学习很多东西，学生时代就策划了他的展览会，回到日本后付诸实施。从那以后，他在世界各国举办的展览会的会场设计都让我来负责。受他影响，我大学毕业后也不在任何建筑师手下工作，而去做展览会的策展人，从工业设计的工作开始，并自学建筑的实际业务。

图64 埃米利奥·阿姆巴兹的作品

2. 恩人和益友　诗人高桥睦郎

高桥睦郎[1]先生是给我最多且丰富机会的人，恩人也好，朋友也好，总之，他对我来说是非常重要的人。见面的契机是通过矶崎新先生的介绍。我当时在矶崎新工作室工作，刚刚步入社会，在日本生活的最初体验都是通过他，他带我去看歌舞伎、展览会，去料理店、酒吧等各种场所。1985 年我从库伯联盟学院毕业、最终回到日本之后，也是受他之邀在西武百货店举办的由高桥先生策划的"未来亚当展"上，与浅叶克己、井上有一、金子国义、北川健次、铃木昭男、龙村仁、田原桂一、日比野克彦、松村祯三、丸尾末広、米林雄一等这些优秀的成员一起展示作品。他还介绍我加入了大阪造船所再开发的团队，并把摄影家久留幸子、由布院的龟之井别墅的中古健太郎夫妇介绍给我。再有，高桥先生自己的家，也让我做了起居室的加建、"诗人的书库"的新建（图 65）、厨房和浴室的改装三期工程。高桥先生的房子在神奈川县的逗子市，所以增改建之后没怎么去看过。不过，虽然这样说会受到高桥先生的责备，偶尔有保养或者东西有破损叫我过去修理的时候，对我而言都是少有的能愉快见面的机会。每当这时，高桥先生关于起居室里又添了新的收藏品（从古董到几百种兔子造型的装饰品等各种东西）、庭院正在打理之类的话题，总是让我非常开心。

图 65　高桥睦郎的"诗人的书库"

---

1 高桥睦郎（1937 年—）日本当代诗人、作家和批评家。从少年时代开始同时创作短歌、俳句和现代诗。2000 年，因涉猎多种创作领域和在文艺创作上做出的突出贡献，被授予紫绶褒章勋章。

3. 世界上最会观察建筑的摄影家 二川幸夫

　　二川幸夫是一位伟大的建筑摄影家，他希望天下的建筑都成为他的拍摄对象。他用自己的眼睛巡视着世界上的建筑，选出能成为他拍摄对象的建筑。无关任何人，只有以他自己的价值观选出来的建筑，才能成为他的拍摄对象，他有这个权利。许多摄影师都是受建筑师或出版社等的委托拍照片的，但是，二川先生自己就经营着出版社，连写真集的企划编集都一起做了。

　　他经常用世界性的眼光观察事物，思考的是周游世界，拍摄世界上最好的建筑供世人欣赏。由他制作的名为《GA》（《世界建筑》）的摄影集只收集世界上最好的建筑，而且每一期将一个建筑通过所有的构图来聚焦、归纳成一本书的做法，在世界上也是很少见且珍贵的。如今能被《GA》收录已经成为全世界建筑师身份的象征（图66）。

他那用一点透视的技法，直接与建筑面对面的摄影作品里面有一种别人没有的动人的力量，他是公认的世界建筑摄影第一人。但尽管如此，二川先生仍然谦逊地说自己的照片只是单纯的记录而并非作品。他是坚守自己立场的一个人，连来自蓬皮杜中心（Pompidou Centre）展会的委托也能干脆地拒绝。

图66 GA系列（©GA摄影师）

　　我在纽约的时候，二川先生介绍我与他女儿二川和美小姐认识。因这样的缘由，他在纽约逗留时常常叫我一起。我从库伯联盟学院毕业后，他邀请我和他一起去欧洲摄影旅行。将来要成为建筑师，先走访一下世界各地的建筑是非常重要的学习经历，所以这对我来说是一次值得感恩的邀请。

　　这一个月的欧洲之行在我的人生当中是一次甘苦并存的重要经历。二川先生说见识并鉴赏最好的东西是非常重要的体验，和他一起每天参观世界上最好的建筑，工作之后每天晚上系上领带请我去最好的餐厅吃饭。二川先生在欧洲开车几乎不看地图。应该代替助理的我，最多也就是联系一下建筑事务所、安排一下酒店，除此以外无事可做。我在助理的位置上，能做的只是倾听二川先生关于建筑和料理的含蓄的话语。年轻的自己什么忙也帮不上，我开始有点负罪感，但能想到的也就是早起洗车这样的事。行程过半后的某一天，我们从斯德哥尔摩港的渡口出发后，二川先生问我："斯德哥尔摩市政府大厦看了吗？"我之前只看过二川先生开车带我去参观的建筑，所以回答说"没看过"，他听了暴跳如雷道："那是个非常好的建筑，为什么不早起自己去看呢？"我突然明白这才是他对我的期望，并不是洗车那样的事。那是我第一次意识到这个问题，还记得当时感觉非常羞愧。

　　二川先生决定是否拍摄一座建筑之前，先不答复建筑师，而是先去看建筑。看好了决定拍摄了，我再致电建筑师获得拍摄的许可。就算是在挪威的尽头,只要在电话里说:"二川幸夫想拍您的建筑",隔着电话也能感受到那位建筑师的欣喜。

二川先生一点儿都不摆架子,和谁都真诚地打招呼。在芬兰的乡下,他爽快地让来参观阿尔托建筑的日本学生搭车,在酒店遇见不认识的人也会大声打招呼。二川先生没有丝毫傲慢之心,让人感受到了不一般的气度和形象。

前文中也提到,我从美国留学回来自己开始工作时,首先做了展会策划和会场布置设计的工作。那时二川先生问我为什么要做展会企划这样的工作,我回答说:"我在日本没有任何关系,通过展会企划可以认识很多人,我想将来会与建筑的工作有联系的。"他却说:"不要在这些事情上浪费时间,想成为优秀的建筑师,只要做出优秀的建筑就行了,这样工作自然也就来了。"他的这番话坚定了我的方向。虽然对于没有固定收入的我来说,展会的工作也很有吸引力,但正如二川先生所说,看准自己的方向,坚定地要成为一名优秀的建筑师。不仅是建筑师,我想其他的创造者也是如此,我们的人生如同玻璃工艺品般容易被打碎。听了好听的话、得个奖,只要有一点儿飘飘然的话,就有可能在不知不觉中走向了与自己原本建筑师的目标不同的方向。正因为如此,我想有必要谨慎地认准自己的方向,不断地锻炼自己、充实自己。

我作为建筑师最大的目标是有一天能设计出让二川先生愿意拍摄的作品。

4. 帮助我实现纸建筑的结构专家 松井源吾

与结构专家松井源吾老师的相识，不仅对纸建筑也对我的建筑整体理念产生了深远的影响。老师曾教导我："结构并不是为了制约什么而存在的，而应该是为了扩展可能性而存在的"（图 67）。

初次见面的时候，老师 70 岁了。作为日本有代表性的结构专家，他参与了许多著名建筑师的工作。但当时我只是一个 32 岁、尚不成熟的建筑师，通常来讲像我这样的年轻人根本不可能去委托老师设计，但我天生"脸皮厚"，没有半分犹豫竟去见了他。当时老师正在研究以前木匠凭感觉制作的木头和竹子的结构的新的可能性，我去拜访老师请他帮忙设计"小田原梦之节"的主会堂，老师虽苦笑道："木头接下来是竹子，这回是纸了吗？"，但还是饶有兴趣地接受了。

松井老师并非将大学中进行的各种研究仅仅停留在学术的水平。在日本有好几位优秀的结构专家，但松井老师是与各类建筑师一起将他的研究在实践中得以实现，并使建筑师的想法有很大超越的少有的结构专家。

现在结构设计领域的计算机化在不断推进，我们建筑师即便委托结构设计师，也只是通过计算机的黑匣子化的计算，也不太清楚为什么会成为这样，只是接收"结果"。而松井老师还是按以前的做事方式，即使眼睛不好还是当场用计算尺给我粗略手算了一下。也就是说，因为所有引导出结果的过程都能看到，结构设计的流程也很容易理解，而且过程中我也提了各种意见并且也让我思考，所以新的可能性和想法又产生了。

　　松井老师没收我一分钱设计费,我也拿不出委托老师那样的结构事务所设计的钱。运气好也罢,脸皮厚也罢,其实全因先生的好意我才能得到他的亲自指导。一直说着:"等你什么时候出名了啊"的老师最终还是去世了。也许他对我多少有点期待吧,现在想可能老师太了不起了,也许建筑师们不好意思冒昧登门找他请教或相谈,或许老师也觉得寂寞吧。老师经常叫我傍晚六点左右来家里谈论,每次谈论大约 30 分钟左右,老师便说:"今天就谈到这吧",然后就和我喝起酒来。我也因为有和老师这样相处的时间而感到非常愉快。

　　和老师在一起最后的快乐回忆是 1994 年的美国之旅。老师以前在日本举办过的"榫卯"的展览会,在纽约和芝加哥举办是由我策划的,我们一起参加了开幕式。榫卯(接头、接口)这种日本传统木造建筑的连接节点是凭木匠的悟性制造出来的,而松井老师和造宫殿的木匠住吉寅七先生合作,进行了相关的强度试验,从学术上阐明了道理。那次美国之行是 74 岁的松井老师、83 岁的住吉先生、常年担任松井老师助手的手塚升先生(对于松井老师的新的挑战实际进行试验,具体实现是由他来完成的)和我的难忘的旅行。

图 67 松井老师(左)和手塚先生(右)

　　松井老师 1995 年因癌症住院后对我说："探望就不要来了，商量事情的话随时来找我。" 承蒙老师的好意，直到老师去世前几周的 1995 年末，还去向他请教了阪神大地震后的"纸教堂"以及 1997 年春完成的秋田新干线田泽湖车站等设计。最后见到老师时，向他报告了"纸教堂"获得每日设计奖的大奖。这个奖如果没有老师的鼎力相助是得不到的，带着老师的祝福，铭记对老师深深的谢意。

第五章　联合国工作中运用的纸建筑

1. 卢旺达难民

　　1994 年因卢旺达的胡图族和图西族之间的民族纷争,超过 200 万人的难民涌入坦桑尼亚、扎伊尔[现刚果(金)]等邻近诸国。那年夏天,日本的新闻也连日报道了那悲惨的状况。当时我完全没有想象到自己竟会跟卢旺达难民扯上关系。刚入秋时,我在报纸上看到一张难民裹着毛毯瑟瑟发抖的彩色照片,一直认定非洲是个暖和地方的我被这个形象惊到了。联合国难民事务高级专员公署(UNHCR,以下简称“联合国难民署”)为难民们提供的作为避难所的仅仅是一块塑料罩布(plastic sheet),到了 9 月卢旺达附近地区进入雨季气温降低,仅靠塑料罩布根本没法遮蔽风雨,肺炎开始传染。这是之前蔓延的霍乱在医疗活动的帮助下好不容易刚刚平息之后的事情。避难所不改善的话,煞费苦心的医疗活动都白费了。

　　于是,我赶紧去了东京的联合国难民署办事处,当我提出了具有隔热性能的纸管避难所的建议时,他们建议我直接联系日内瓦的联合国难民署总部。我马上在资料里夹了信件一起寄给了总部,但过了 1 个月也没有收到回复。终于我按捺不住决定 10 月份去日内瓦面见直接负责人。见到的负责人是沃夫冈·纽曼(Wolfgang Neumann)先生,是一位在联合国难民署工作了 15 年、专门筹划避难所相关事宜的德国建筑师。纽曼先生向我说明了难民营中的错综复杂的情况,告诉我有两个理由造成“纸避难所”的提案无法实现。第一个理由是,一家一间的避难所只有 30 美元的预算;第二,如果提供了舒适的避难所,难民会定居下来，所以只能提供最低限度的保障，这是联合国难民署的方针。

但纽曼先生完全从另一个视角表现了对"纸建筑"兴趣。当时在难民营中森林砍伐成了严重的问题。由于联合国难民署只给难民提供塑料罩布，难民们就砍伐周围的树木做成架起罩布的框架。200万人以上的难民一起开始伐木，引起了严重的环境问题（图 68 至图 70）。因此联合国难民署在寻找可以替代树木的材料。竹子虽然被认为价格便宜且强度也可以，是比较适合的替代物，但紧急从东南亚大量进口的话，价格会飙升，也会破坏当地市场。因此紧急情况下的操作方法是不能依靠自然材料，但是用化学材料的话，PVC 管子丢弃后无法在土壤中分解，焚烧会产生二噁英对环境有害，因此散营时要耗费极大的费用来回收管子，所以过去也有过一次发放铝制管子，可是难民们为了钱将铝管卖了，最终还是发生了砍伐树木的事情。

图 68 难民营砍伐的树木

图 69 卢旺达难民营(一)

图 70 卢旺达难民营（二）

　　我与纽曼先生见面的时候，正是联合国难民署对于这个问题没有解决办法而困扰之际。故而纽曼先生想到了说不定纸管可以成为不错的替代材料。因为这个原因，他对"纸建筑"显示出了浓厚的兴趣，结果他把那天下午的预约全部推掉，一直在听我介绍。

　　与纽曼先生初次见面后我顺道去了伦敦，拜见了给关西国际机场做结构设计的、世界著名的结构设计事务所OVE ARUP的会长约翰·马丁（John Martin）先生。我之前在日本与马丁会长见面时，已经向他说明了利用"纸建筑"进行难民避难所开发的构想。他从两点对这个计划表现出了兴趣：一是这个计划的人道主义和社会意义；二是纸管作为新型结构材料的巨大的可能性，这是他作为工程师的兴趣所在。因此他决定在这项"纸的难民避难所"的开发中为我提供必要的工程上的支援，并立刻召集了前几日在灾难救援工程师协会（Register of Engineers for Disaster Relief，简称 Red R）的组织安排下去卢旺达支援的年轻的职员，以及以前在非洲分公司的 5 名工程师，召开了一次讨论会。讨论的内容暂且不谈，OVE ARUP 事务所的人才之丰富以及强大的执行力令我惊叹。

　　说起 Red R 这个组织，有各类工程师（结构、土木、设备、建筑等）作为会员登记在册，当发生战争、自然灾害等紧急事态时，将在册合适的工程师派往现场的组织，OVE ARUP 事务所也是其中一员。

　　在伦敦与 OVE ARUP 事务所商洽之后，我去见了工业设计师贾斯珀·莫里森（Jasper Morrison）先生，和他谈论了难民避难所这个项目，他也非常有兴趣。此外，一直参与社会贡献活动的知名瑞士家具品牌 Vitra 公司的总裁拉夫·费尔鲍姆（Rolf Fehlbaum）也想了解一下并让我将相关资料传真给他。没想到第二天，费尔鲍姆先生打电话邀请我说，"我想听听你的计划，能一起吃晚餐吗？"我惊讶于一位地位显赫的人士这么爽快地邀请我这个陌生的外国人。在日本要所谓的成功人士直接会见一个陌生的年轻人几乎是不可能的。在日本，首先是与部下见面，然后需要时间由下往上层层汇报，不过大部分情况下，都是在没有决定权的部下那里事情就终止了。欧美的成功人士可能是因为自己也有这样的经历，好不容易才走到今天的地位，所以积极地与年轻人见面，听他们的想法，给他们机会。我在接到费尔鲍姆先生的电话两天后，在瑞士的巴塞尔与他共进了晚餐，而且就在那天晚上，他提出将对我的项目提供支援。

　　第二天我飞到比利时布鲁塞尔与欧洲最大的纸管厂家——索诺克（欧洲）公司（SONOCO Europe）的代表见面。在索诺克公司，身为荷兰人的技术总负责人威姆·潘·德·盖普先生给我提供了全面的支持。之后，汉诺威世博会日本馆项目纸管的有效使用，可以说没有他的协助也是不可能实现的。

　　如此一来，这个计划成为联合国难民署的官方项目，我也作为顾问被录用了，"纸的难民避难所"的开发也顺利地开展了。这都要归功于欧美国家相关的高层人士极强的社会贡献意识、依据自身价值观迅速做出决断的判断力。还有一件幸运的事：联合国难民署高等专员绪方贞子女士考虑到难民问题对环境的影响，从日本环境厅（现环境省）聘请了几位工作人员来日内瓦总部，因为我的项目对防止森林砍伐有帮助，所以他们给予了我很大支持。

2."纸的难民避难所"

在联合国难民署纽曼先生的指导下,纸管由索诺克(欧洲)公司提供,与塑料罩布的连接节点材料由日本的太阳工业提供,试制品的建造和放置试验由 Vitra 公司提供,他们对我们这个项目提供的是人道主义协助。

然后我们先进行了下面3种类型帐篷的设计和试制。第一种:4米×6米的罩布上用2根纸管支撑的最简单的三角形帐篷的类型;第二种:将第一种两端不能用的部分改良后制成的左右不对称的类型;第三种:类似大型野战医院的类型(图71、图72)。它们的放置试验等研究花了一年左右的时间,逐步确定了防水处理方法、尺寸、连接节点的规格以及防白蚁对策等。后续还要进行连接节点的开发以及当地难民用过之后对可能出现的问题进行检查的监测试验。通常,联合国的顾问在这个项目期间要全程待在日内瓦和现场,但因为我在东京还经营着建筑事务所,故而申请了将项目时间延长,从东京穿梭于日内瓦的联合国难民署、法国索诺克公司的工厂以及巴塞尔 Vitra 公司的工厂之间,不过交通费自理。并且这段时间(1995年春天到夏天之间)神户的志愿项目也开始了,所以一直过着往来于东京—神户—欧洲各地的日子。

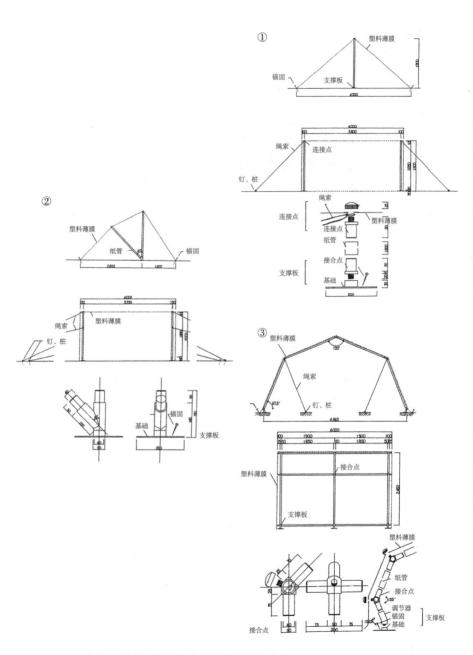

图 71 "纸的难民避难所"试制的 3 种类型的帐篷的平面图

图 72 "纸的难民避难所"试制的 3 种类型的帐篷和威姆·潘·德·盖普先生

欧洲那边的试验推进也非常不容易。为使在日本制造的纸管与纸管之间的连接节点（试制品是铝材，非常重，最后采用了塑料制品）能赶在实验日期之前运达，我们按随机行李支付了数十万日元的超重费。纸管未能送达 Vitra 公司的工厂时，我们自己去巴黎郊外的索诺克公司工厂取货，开车运到瑞士的巴塞尔等情况接连发生。在 Vitra 公司的工厂为做放置试验制作的 3 种避难所的试制品，在周末没人看管的时候被飓风吹跑了 2 次，不得不重新做。虽然状况百出，耗费了 1 年半的时间，但是我们终于在 1996 年 7 月日内瓦联合国总部庭院的草坪上再次构筑了试制的 3 种类型的避难所，并向联合国难民署做了最终演示。

之前与难民问题以及联合国机构完全没有关系的我，突然被录用为联合国难民署的顾问，开始与难民问题深切相关，都是从与联合国难民署的沃夫冈·纽曼先生（图 73）相识开始的。纽曼先生属于日内瓦联合国难民署总部的项目与技术支持部门（Programme and Technical Support Section，简称 PTSS）。PTSS 是处理难民营的居住扎营、饮用水及水井、农作业等各种问题的部门，其中建筑师只有沃夫冈·纽曼一人，巡察世界各地的难民营，开展扎营工作。

图 73 沃夫冈·纽曼先生（中间）

沃夫冈·纽曼在柏林学习了建筑,然后到美国跟随建筑大师路易斯·康工作,回到德国后又跟随建筑大师汉斯·夏隆(Hans Scharoun)工作,可以说他在成为建筑师的道路上是有"捷径"的。正因为他是这样的建筑师,才会对我的"纸建筑"的趣味性和可能性产生兴趣,还发现了它作为难民避难所的可能性。可以说如果没有遇到他就不可能有我在联合国难民署的纸建筑项目。

3. 纸管的本地生产试验

纽曼先生对纸管的本地生产试验很感兴趣。无论纸管有多么轻,在紧急时期迅速向现场大量运送还是一项庞大的工程,于是产生了是否能进行本地生产的课题。我访问了纽曼先生和索诺克公司的工厂进行查证。其结果为,卷纸管的机械比较小且制造工序简单,只要对非政府组织员工稍加培训,即使没有特别技能也能制作。而且为了这个试验,索诺克公司为我们无偿提供了旧机器。最新的机器都计算机化了,在非洲当地反而是手动的老机器更适合操作(图74)。

试生产不在非洲当地进行,而是把机器运到了全球最大的独立人道医疗救援组织——无国界医生组织(MSF)在法国波尔多的广阔的配送中心,在无国界医生组织的技术负责人的指导下,索诺克公司派遣技术人员,来验证用没有经验的非政府组织员工要花费多少时间和费用能进行生产。

但是,在此期间森林砍伐的进程也很快。卢旺达因为砍过的树还在所以还能挽救,而苏丹北部一带就像沙漠一样光秃秃一片了。在难民营里没有制造避难所的构架所需的材料,所以纸管应该会更加有用吧。

图 74　纸管的生产实验场景

4. 需要更多的日本联合国职员

在此简单介绍一下联合国机构之一的联合国难民署的工作。联合国难民署的工作从大的方面划分有三项内容。这三项内容分别是，不产生难民的预防活动、对现有难民的救护活动以及促进难民返回的活动。总部在瑞士的日内瓦，分部在卢旺达的基加利和柬埔寨的金边等出现难民的国家的首都以及乌干达的坎帕拉等接收国的首都，还在有难民营的乌干达、坦桑尼亚等国家设立了现场办事处。此外，还在东京等发达国家的首都也设立了办事处,在这里主要进行联合国难民署活动的知识传授、促进政府或其他团体的资金援助。

联合国难民署的最高负责人叫作高级专员,日本人绪方贞子女士曾担任过(任期为 1991—2000 年)。1994 年的卢旺达内战、波斯尼亚纷争,在这些规模空前和复杂性兼具的危机时期,绪方女士发挥了巨大的作用,所以近年来对于日本及日本人对国际社会的贡献的责任和给予的期待是极大的。当然这不仅是在联合国难民署而是在联合国整体都有的问题,比起日本对联合国的捐款,在联合国的日籍职员的数量极少。我想其原因在于日本人中对于成为联合国职员,"想做的人"和"能做的人"这两种都很少。

首先"想做的人"很少,是因为日本的年轻人中,从一开始想要在国际社会从事人道援助工作的人就很少,可以认为原本就没有进入他们的选择范围。更进一步地说,从日本人到国外旅行的方式以及就职地点的选择上也能看出,他们喜欢目的地可预测、线路有引导的安稳的方向,一般来说日本人不擅长摸索一条属于他个人的道路,所以他们不愿意从事那种预测不到未来而且不安定的职业。这种情况最近似乎逐渐在改变,但是在发达国家当中日本人加入整个非政府组织的人很少,尤其是加入国际非政府组织的人更少。另外,想去那儿就职的年轻人也很少。非要把它作为"就职"来说的话,可以认为在日本有很多人误解为非政府组织等于志愿者,其实这是很高尚的职业。

其次"能做的人"很少,可以想见的原因有这么几个。首先很明显的一个问题是"语言的隔阂"。这也许反映出日本的英语教育问题和日本作为岛国的传统性的问题吧(英国也是岛国,但英国人作为传统的殖民地开拓者有在海外活动的历史),而且大家都说日本与其他国家相比接近单一民族，所以在国内不太有因人种、语言、宗教等产生的想法上的差异，价值观也接近。因此日本人有这样一个习惯，觉得在说服别人的时候没必要说那么多，而且即使什么也不说也能理解别人的意思。再加上在日本一直传统地认为埋头实干、沉默不语、做了好事不留名是美德。可是在国际社会中，即使一个国家当中也会有多样的人种、语言、宗教等，他们的思考方式和价值观都有差异，这样要说服别人就需要从客观的理论、情况去说明和解释。所以要采取什么行动时都是有言有行，做这件事的目的及影响都需要一一说明，从而说服对方。如果做了某个项目以后，针对项目的结果以及产生的课题一定要做出详细的报告。这些事情都是日本人不太擅长的，但在国际社会中这极其重要。还有一点就是关于专家和多面手的问题。在日本经常有人说"有一技之长好"，或者"有专业资格好"。日本人在各领域的专家即使按世界标准来看也是非常优秀的，而且这些优秀的专家就算不擅长前面说的"两种语言"（外语能力和情节构建、说服力），在世界上也可以畅通无阻。但是在日本对于多面手的评价很低，并且能在国际上通行无阻的多面手也很少。多面手就是协调人。协调人就是制订项目计划、编组专家团队并推进计划实施的有能力之人。这需要具备各领域的知识与经验，要灵活运用前面说的"两种语言"，不管怎样必须是"强于常人"之人。

　　像日本人那样，对外国人总是笑眯眯地敷衍、含糊地回应的话，就不能胜任多面手的工作。我觉得由于这些原因，日本人中"能做的人"才会很少。

5. 联合国难民署与非政府组织的关系

此处所说的非政府组织，是指在国外也开展活动的日本国际非政府组织（例如亚洲医师联络协会（AMDA）、非洲儿童教育基金会（ACEF）、难民救助会（AAR）、日本国际志愿者中心（JVC）、日本曹洞宗国际志愿者协会（SVA）等），我想介绍一下这些团体与联合国难民署等联合国机构的关系。非政府组织从大的方面来分主要开展两种活动。一种是自主筹划项目并执行。这其中有紧急时的援助、在发展中国家建设和运营医院或学校、植树造林等，活动设计上都各自显现出非政府组织的特色，并从民间、国家、财团等处筹集资金以推进项目。另一种是承接各种联合国机构项目的实施工作。这里提及的是关于后者的活动。

联合国机构，比如联合国难民署，是在难民出现时，会率先到现场提供水、粮食、医疗、避难所等援助，但并不是平时就储存粮食、雇佣医生的。粮食是由联合国世界粮食计划署（WFP）支持的，医疗活动委托国际红十字会等机构，作为紧急时候备用的装备也只有净水器、当作避难场所的塑料罩布等。联合国难民署会立即筹划必要的项目，其实施基本上是委托各国的非政府组织。非政府组织积极组织活动以努力获取更多的项目。各非政府组织遵循联合国难民署项目的程序，根据过去的业绩和在当地的力量从联合国难民署获得合约并开展活动。最近，日本非政府组织也与欧美非政府组织一起推进各种项目。但是，明确地说从获取项目的数量和组织能力方面，不得不承认差距就像是小孩与大人之间的力量之差。组织能力当中还存在着人脉关系问题。联合国难民署的很多职员都来自于非政府组织员工中的活跃分子。例如无国界医生组织的很多员工都被联合国难民署录用，或者应该说是无国界医生组织积极推送的，这样通过维护广阔的人脉很多项目都流向了无国界医生组织。日本的非政府组织不仅要具备更强的组织能力和实力，还有必要不惜代价地培育人才并送入联合国机构。

6. 总部与现场的差距

联合国难民署运营那种非紧急、长期性的项目会伴随各种困难。我认为这是在组织内存在制约的问题。几年来作为顾问仅仅在外围参与可能只知道些皮毛，其中一个难点是，年轻人暂且不论，对于来自发达国家的职员而言，长时间待在难民营现场以及那些国家的支部是不可能的。特别是想要成家的，或者已经成家的会更困难，谁都想在日内瓦等生活方便的地方工作。所以每隔几年就会将职员不断地在世界各地轮换，因而跨度大、持续性的项目就很难维持。第二个问题就是总部与现场的差距。例如在日内瓦总部，为抑制森林砍伐，我们考虑的是用发展的眼光来推进新的紧急用帐篷的研制工作。而在现场却会因为当下的情况而手忙脚乱，所以只对能马上实际运用的东西感兴趣，等下一次情况改变了，可能负责人也换了。更进一步说，这就是联合国注定的命运，各个职位上未必有合适的人才。换句话说作为联合国，在某种意义上比起工作的效率，更需要保持人种、国籍还有性别的平衡。

从组织的性质上，很遗憾这是无可奈何的事情。不过可以说我们这个长期性的项目在这些困难的条件下，倒是在联合国难民署的帮助下取得了有效的成果，虽然比较慢但一直在推进。

7. 日本在环境领域的贡献

前文中已提到，时任联合国难民署高级专员的绪方贞子女士注意到了由难民引发的环境问题，要求日本环境厅向联合国难民署派遣专家。日本政府也为专家制订的方案划拨预算并予以实施。这件事人们不太了解，但绪方女士的见解以及日本的贡献都值得特别写一写。我这个为制止森林砍伐而用纸管做紧急用帐篷的项目也因与环境问题有关，成了接受援助的项目之一。其他的活动还有调查难民营及其周边，以及针对他们离开后的环境问题制作了《环境指导方针》，针对现场反映的各种环境问题派遣专家等。1994 年 10 月我第一次去日内瓦的联合国难民署与负责避难所的德国建筑师纽曼先生见面以后，还见了由日本环境厅派遣的第一任环境负责人渡边和夫先生。他对我的项目很感兴趣，并将它移交给第二任的森秀行先生，然后传到现在的木村祐二先生，使得我可以持续进行"纸的紧急用避难所"的工作。

第六章　建筑师的社会贡献

1. 不善志愿活动的日本人

我最初了解志愿者活动是在美国留学的时候。当时,意大利建筑师保罗·索勒瑞(Paola Soleri)正在亚利桑那州的沙漠里建一个叫阿科桑底(Arcosanti)的试验性生态城。它是由世界各地汇集来的志愿者建造施工的,我在读的大学的学生们到了暑假也带着睡袋去参加建造。日本的学生是为赚钱游玩而打工,美国的学生比日本学生更自立,大部分人都在为赚生活费或学费打工。但在这种情况下,还要从事志愿者活动,这太令人吃惊了。

我注意到美国学生从事志愿者活动的目的有两个:一是纯粹地为社会做贡献。这或许是受宗教理念的影响,在欧美国家孩子从小就通过志愿者活动与社会建立联系。之后长大成人在社会上取得成功后,不论是企业家还是运动选手或者是艺人,都会做各种各样的慈善活动(令人遗憾的是在日本基本上没听说过)。二是想在踏入社会之前尤其是在自己的专业领域积累一些经验、接受一些培训。这样也可以在求职简历中增加亮点,这是个很大的加分点。

言归正传,日本人极其不擅于展现自己。我这里也有许多年轻人为求职寄来的简历,基本上只是在固定的模板中填入了相应的内容。面试时提供的作品集也不是自己用心做的,而是直接用了交给学校的设计图或在公司实习时画的蓝图。欧美人都是制作了极富个性的简历和作品集,试图最大限度地表现自己的才能。我认为志愿者也是一种为自己而做、展示自我的行为,所以在日本志愿者活动至今没能扎根下来和日本人不擅长展现自己的个性这一点,有很大关系吧。

公益活动(慈善行为)也是同样。在日本公益活动被认为是由企业发起的文化事业。故此经济不景气时就被叫停了，但是本来公益活动是与经济活动完全没关系的社会贡献性活动。例如，在美国的小镇上，知名度低的企业（或国外企业）在建造新工厂等时会举办公益活动。小镇上举行集会的时候，穿着印有企业名字的 T 恤的员工作为志愿者来帮忙，为这个小镇做出贡献的同时也宣传了企业，也是企业融入当地社会的绝好时机，并且有利于建立企业的社会信誉和招聘员工。总之与志愿者活动一样，公益活动也是为社会做贡献，同时它还会提高企业的社会性从而间接地给企业带来利益。

2. 站在对方的立场上施以援手

以志愿者的身份做事的时候，如果抱有一种"为他人做事"、自高自大的心态，那是无视对方尊严的行为。正如前文所述，我认为志愿者活动最终是为自己而做的想法才是毫不造作的，志愿者活动才可以长久地持续下去，并且援助的内容也不是自己认定的，而必须是站在对方立场上考虑。日本的政府开发援助（Official Development Assistance，简称 ODA）的用途也是一样。日本的政府开发援助，优先考虑参与其中的公司的利益等，在对国际社会贡献的方面很可能成为一种政府缺位的援助。比如我经常听说，送去某地的机器操作太过高科技或无法维护，不经过充分调研就进行土木工程，也听说可否将阪神大地震后建造的装配式住宅给非洲难民用等。这是不考虑对方的生活方式和当地环境的单方面的想法。也就是说，对平时住在土墙和素土地面围成的房子里的人们来说，日式的装配式住宅一定是住着不舒服的，而且用工业材料制造的墙壁和玻璃窗等破损时无法修理，其外观也与非洲的环境格格不入。

　　还有一个例子，前几天一位不认识的人知道我在非洲开展的活动后说自己发明了一种带发条装置的收音机，问我送给难民怎么样。我非常感谢他的心意，然后拒绝了他：收音机数量有限，难民营中成百上千个家庭不可能人人有份，如果给了其中的一部分人，那么没有拿到的人很有可能与他们之间就埋下了纷争的种子。并且最让我担心的是，平时过着连电都没有的生活的人们突然有了收音机这种文明的利器，会是好事吗？或者说，不仅仅是文明的利器，还会带给他们丰富的信息，这对他们是好事吗？

　　这个问题实际上不仅仅是难民的问题，对我们来说也一样，当代社会日新月异的科技或信息对我们来说是必要的吗？更进一步说，那些东西真的让我们觉得幸福了吗？答案是"不会"。至少我们要明白，不应该把已经无法倒退的我们的矛盾，在援助的名义下不顾一切地扩大。

3. 建筑师对社会有用吗?

　　从很久以前开始我就有这样的疑问："我们建筑师果真是对社会有用的吗？"近年来看到太多这样的建筑师形象：为了表现自我做奢侈的设计，成为开发商赚钱的执行者。我绝不是否定建筑师为特权阶级（政府、企业、富商）建设宏伟纪念物的工作，从历史上看这些也是人类重要的遗产。但进入 21 世纪以来，产业革命继续演化，城市化在推进，而且因为战争许多人失去了家园，所以需要大量的低成本的住宅。于是，建筑师（包括大师们）致力于集合住宅和工业化住宅的课题，不仅是数量上，而且在质量上也创造出很多名作。这是现代技术方面、造型方面之外的巨大成果。也就是说进入 21 世纪，建筑师们开始了为普通大众的工作。现在东西方冷战已经结束，却也因此在世界各地爆发了民族纷争和地区纷争，出现了很多难民。更是导致了世界规模的无家可归者的问题，还有频发的大灾害导致的受灾者等，大众以外的少数阶层人士的大量出现。如果说现代主义的一个侧面是为大众建造建筑的话，那么今后建筑师如何为社会、为少数阶层工作，将会成为现在经常谈论的后现代主义的重要因素。

4.卢旺达回归难民的住宅

1996 年秋，由于卢旺达军队攻打了躲藏在扎伊尔难民营里的卢旺达旧政府军，难民与旧政府军分离，开始回归卢旺达。出于人道支援，日本也派出了协作队成员，协助在当地工作的非政府组织。这个非政府组织是以亚洲医师联络协会和非洲儿童教育基金会为中心的。我之前与亚洲医师联络协会建立了合作体制，通过共同努力，利用外务省的"草根无偿"资金主持建造回归难民住宅的项目，于 1996 年 12 月匆忙去了卢旺达。前一年去时，干线道路的所到之处都设有军队的检查站，每个人都被叫下车接受严格的检查，而这次不用下车只需停车检查，感觉这里的治安变好一些了。

这次建造的回归难民的住宅，方案、做法等都是由卢旺达复兴省决定的。方案是 42 平方米（6 米 ×7 米）的三居室（图 75），墙为土坯，上面是木顶构架，屋面是钢质波形板。为商量相关事宜，与复兴省、联合国难民署以及当地的非政府组织一起巡视了回归难民住宅的建设工地等地,但是到处都没见着建筑师的影子,也没人有任何疑问,只知道按照同样的标准建房子。于是我们在遵守 42 平方米三居室、墙为土坯的复兴省标准的同时, 做了一些改良（图 75 至图 77）。首先,将方案由田字形改为直线形。其优点有以下几点：①表面积缩小了 16 平方米, 减少了砖的消耗; ②因所有的预定建设用地都是斜坡, 房子的进深如果变浅了, 地基上要削减的斜面量减少了; ③因屋架变小,也省了材料费和人工费; ④各个房间得到了同等的日照,通风也更好了;⑤主卧室与孩子的房间得以分开。

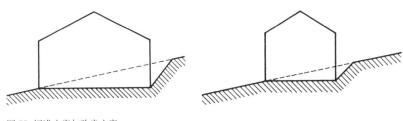

图 75　标准方案与改良方案

图 76　回归难民住宅的方案模型

图 77　用土坯建造的回归难民的住宅

第二个改良方案是关于屋面与屋架材料的。卢旺达国内和扎伊尔及坦桑尼亚的难民营一样,都进行着无秩序的森林砍伐,木料价格在上涨。还有用作屋面的钢质波形板,如果屋面做不好房子隔热就不好,而钢质波形板全部要依赖进口,与其他能够自给的材料相比,材质较差价格也高很多。所以我们就在想用竹子代替木材和钢质波形板是否可行?我们都有一种先入为主的观念,认为非洲没有竹子,传统习惯上也从不将其作为建材使用,但我注意到在首都基加利到处都把竹子作为栅栏使用。问了建筑业内人士,当地建筑虽不使用竹子,但它比同样大小的树木便宜,好像在国内也有产地。首先屋架的木材可以用竹子代替,世界各地有不少农房都用竹子建造。然后是怎样用竹子代替屋面的钢质波形板,这可以借鉴日本的例子,将竹子切成两半去掉竹节,像西班牙瓦一样将断面一上一下交替组合葺成屋面。如此一来可将竹子用作建材,如果制作家具和工艺品,还可以与新的职业培训联系起来,更何况种植竹林对于抑制森林砍伐也有好处。

5. 在柬埔寨贫民窟里建造能抵御洪水的房屋

1996 年 9 月末,在柬埔寨湄公河流域因洪水遭受了时隔 20 年的大灾难。进入 10 月,亚洲医师联络协会安排我来到了现场。灾害主要分成两种,农田浸水和房屋倒塌(图 78)。柬埔寨有很多河流原本就洪水频发,所以住宅都采用架空式地板,楼下用于饲养家畜。但是沿着金边市内河流的贫民街区,由于住宅的建造方式粗糙低劣,受灾特别严重。

图 78 遭受洪灾的住宅群

　　柬埔寨在20世纪70年代的波尔布特时代[1]，政治家、知识阶层（包括建筑师、技术人员）以及他们的亲人基本上都惨遭杀害，因此没有重建国家的人才。柬埔寨政府也完全没计划处理贫民窟等问题。我同负责金边贫民窟事宜的联合国人类住区委员会（UNCHS）的强纳森·普林斯（Johnason Prince）先生见面并谈了我的设想。

　　贫民窟的住宅一定存在很多的问题，但相反地，那里是否也会有与之相应的既便宜又简便的造房子的方法，我想我们调查好材料和施工方法，分析出能沿用的技术以及要改善的地方，应该能建造可以抵

---

1 波尔布特（1925—1998年），原柬埔寨共产党（红色高棉）总书记。1976年至1979年间出任民主柬埔寨总理。他是一个极左主义者，其极左政策普遍受到国际社会的谴责，执政期间发动的"红色高棉大屠杀"，造成柬埔寨170多万人死于非命。

御洪水的房子。普林斯先生对这个项目很感兴趣,寻求联合国难民署的协助,并和当地的非政府组织、CATDG(以柬埔寨皇家艺术大学的研究生为主的团队)共同努力来为我做准备工作,而且幸运的是,偶尔作为客座教授来柬埔寨皇家艺术大学讲课的建筑师佐藤康治先生也给予了我协助。1997 年夏天,我们和 CATDG 制订了举行共同研讨会的计划。研讨会的另一个主题是竹子的利用。多次考察了柬埔寨的民房和贫民街区的住宅后我产生了一个疑问,在东南亚国家一般作为建筑结构材料来使用的竹子,为什么在柬埔寨却只作为制作地板、屏风等非结构性材料使用呢? 询问了当地的建筑业内人士以及普林斯先生,也没能得到明确的回答。正如国际货币基金组织(IMF)再三指出的那样,即使是为了抑制造成洪水的河流上游大量的森林砍伐,推动竹子的运用也将是有效的。

6. 朝鲜的建筑、人和生活

近年来,由于各种各样的情况,报纸上都会连续几日刊登与朝鲜相关的新闻,比如粮食危机、朝韩对话等。但是,这么近的邻国报道如此多,我们居然对朝鲜还是一无所知。朝鲜接二连三的水灾不仅会引发粮食问题,恐怕也存在着住房问题吧。偶尔出现在电视屏幕上的首都平壤看起来街道和建筑都很气派,应该有一些值得关注的城市规划和建筑。虽然朝鲜与日本之间存在政治、历史方面的各种问题,但是可以加强民间层面的交流吧。所以我想一定要亲自去一趟朝鲜，四处看看街道和建筑，或许还可以和当地的建筑师交流一下，然后邀请他们来日本参加展览会或座谈会。

那么想去也不是轻易就能去的，首先让在日本的韩国友人向朝鲜总联（在日本的朝鲜人总联合会）的人员传达了我的想法。计划书即入境动机是必须填写的，我写了上面提到的内容提交后，通知我去朝鲜总联面试。见到了其国际部的徐忠彦先生，我表达了想和朝鲜文化方面的人特别是建筑师交流一下，也想在水灾之际做一些事情，他对我说如果是这些想法的话他会全力支持我。但是因为不能一个人入境，所以建议我在访朝团里找一个可以让我加入的团体。碰巧曹洞宗国际志愿者协会的团队因粮食支援而需访朝，于是让我搭了个顺风车。

到达平壤机场后，朝鲜劳动党朝日友好协会的李正吉先生以及为我们做翻译兼导游的平壤外国语大学日语专业的金教授来接我们。从机场出来首先带我们去的地方，是大纪念碑广场，站立着原总书记金日成的高 15 米左右的铜像。那时除了我们，还有穿着婚纱的新婚夫妇和一个班级的小学生也来献花（图 79 至图 81）。

入住的宾馆是位于市中心的高丽酒店，是当今世界流行的、由中间架桥连接的高 45 层的双塔式建筑。

图 79 平壤的风景(一)

图 80　平壤的风景（二）

图 81 平壤的人们

在这次访朝的日程中，我去看了在水灾中失去房子的受灾家庭住的公寓。那是原来的二居室公寓分给两个家庭使用，当然很狭小、挤满了东西。这些地方受灾看起来没有想象中那么严重。在平壤完全没有粮食不足的景象，在地方城市中，带我们去看的孤儿院的孩子们也看不出营养不良。粮食危机是持续两年的洪水和之后一年的干旱导致的，但似乎通过国际援助暂时摆脱了危机。

首都平壤制定了井然有序的城市规划，修建了像欧洲那样轴线贯通的道路和那些与轴线相交点上的纪念碑以及不朽的建筑群。稍微有点显得不均衡的是，因为能源危机需节约用电，所以信号灯没点亮，取而代之的是由很可爱的女交警站在各个道路交叉点，像机器人一样做着标准的动作指挥车辆。关于建筑风格，可以想见有许多俄罗斯建筑师经手的建筑，符合俄罗斯的构成主义的特点。

我想和建筑师交流的要求在某种意义上算是实现了。虽然叫建筑师，但是个人拥有设计事务所的建筑师是没有的。全国的建筑都是国有的白头山建筑研究所独家设计的。到研究所里面参观了一下，那里有一个比例为 1 ： 1000 的巨大的平壤市城市部分整体模型。模型制作于 1985 年，当时是以一座超高层酒店柳京饭店为中心建造的。这个酒店的主体已经完工，内外装修预定由外资来投资建设，但因为美国的经济封锁而无法推进。不可思议的是建筑工程计划早在 1985 年以前就已完成了，现在仍然在扎实地继续建造着（2016 年 12 月已竣工——译者注）。

离开研究所之前，我向设计室长介绍了我的用于受灾时的纸建筑，并建议一定要请朝鲜的建筑师来日本召开展览会和座谈会，室长和李正吉先生都很有兴趣。

第一次短暂的访问，虽然因国情的原因等，不能说获得了充足的信息，但还是亲眼看到了各种结构性问题。印象最深的是，我们的翻译兼导游的金教授的友好态度以及访问的孤儿院的保育员们纯净的笑脸。那是一张张对自己的工作感到骄傲和有意义的面孔，也是在日本很难看到的面孔。

我们往往会片面地认为朝鲜人们的生活很糟糕，人们很可怜，但是看到这些人，我陷入了思考，生活在一切都很自由、物质极其丰富、技术日新月异的日本的我们，真的可以说是很幸福吗？我完全没有思考体制方面的意思，但想一想，科技进步是为了什么，只是为了获得已经失去了目标的富足，总觉得现在日本的机制走上了这样一条单行道。

7. 印有施工总承包商名字的工地罩布计划

由于大地艺术家克里斯托的项目，特别是以城市为舞台的策划，让我得到世界规模的非政府组织进行人道支援活动的一个规范和启示。克里斯托用匪夷所思的方式包裹山谷、海岸、大厦、桥梁、岛屿，让公共建筑和自然界呈现熟悉又陌生的浩然景观。他的艺术项目包括巴黎的"被包裹的巴黎新桥"和柏林的"被包裹的德国柏林议会大厦"。流程一般为首先掌握情况、制订计划，然后与政府交涉、筹集款项、召集志愿者进行宣传活动。一般市民不知道这些流程（也没必要知道），等被捆包的历史建筑矗立眼前了，人们可以去了解它的历史意义和形式上的美。最后，将用于捆包的已升值的布料剪开卖掉以筹集下一个项目的资金。

前文中也已提到，日本的传统美德叫作"不言实行"，意思是做好事不留名、默默地做好离开就可以了。但是这在今后的国际社会中是行不通的。志愿者活动中"谁在做""做什么""为什么做"都有必要事前获得理解，而且不要做一次就结束了，而是要成为持续性的活动并进行宣传进而筹集资金。

一般来说在日本，人们往往认为志愿者活动是一种不要报酬的慈善行为（当然个人一次性的慈善行为也是非常重要的），活动原本不应该让个人负担费用等，但是为了能长期地、有组织地举行活动还必须培养一些专属的职员，也就是说必须要赚取资金。株式会社和非政府组织的不同之处在于，株式会社是为个人利益赚钱并拿出一部分公益活动,而非政府组织赚钱是为了下一次活动。

　　一直以来,我往返于神户、卢旺达和柬埔寨的灾区,发现除了水、粮食、药品之外,紧急情况下通用的必备物品里有用于遮风挡雨的塑料罩布。联合国难民署、国际红十字会都为应对紧急情况储备着印有自己标志的塑料罩布。因此我们也在储备,首先为了在卢旺达及其邻国使用,我们想让日本的施工总承包商捐赠一些印有总承包名字的二手的工地塑料罩布,然后用于灾区。如果在卢旺达难民营的屋面上出现了日本施工总承包商的名字,并被全世界的宣传媒体报道,在日本国内可能也会引发日本总承包为国际社会做了了不起的贡献的话题,同时捐赠人看到了捐赠物品被具体、有效地利用,也会让他们产生想要继续支援的想法吧。1995年阪神大地震发生后,日本国内许多人为神户募捐后,却完全不知道捐赠物资是如何使用的,觉得很失望。正因为有了这样的经历,我们知道具体地报道支援物资的使用结果,会与下一次活动紧密相关,对人道支援是非常重要的事情。所以就连联合国难民署和国际红十字也会在支援物品上印上自己的标志。从这个意义上来说,将来做国际援助时克里斯托的策略还是有很大参考价值的。

8. 非政府组织—建筑师志愿者网络（VAN）的筹建

在之前讲述的背景之下，为寻求对实际进行的活动在资金方面的官方扶助，1996 年 8 月，我创立了非政府组织 VAN[1] [V—Volunteer（志愿者）、Architects—（建筑师）、N—Network（网络）]。虽说是正式的，但在日本政府的非营利组织（NPO）法案还未定案的当下，官方扶持团体依据神户志愿活动的成绩以及收支报告等，认可 VAN 属于非政府组织，并将其作为扶持对象。

另外，VAN 已在 Facebook 和坂茂建筑设计的网站上开设了主页，请读者一定看一下。

---

1 坂茂创立非政府组织 VAN（建筑师志愿者网络），组织建筑师志愿者到地震、海啸、飓风或战争的发生地建造临时建筑，为当地流离失所的灾民带去抚慰。VAN 的足迹遍布日本、土耳其、印度、斯里兰卡、中国、海地、意大利、新西兰和菲律宾等国家和地区。——译者注

后续的"纸建筑"（采访）

我想了解一下这本书之后的事情。听说 1999 年中国台湾大地震后，"纸教堂"迁移到那里去了？

是的，叫作埔里的村子。是对方提出了请求。2005 年在神户建造纸建筑刚好过了 10 年的时候，正准备要好好建一个新的教会。这个新教会的设计也因为和它有缘所以就委托我了。只是对"纸教堂"有一种恋恋不舍之情，大家都觉得毁坏扔掉太可惜了。场地很大，也有人说留下它，再建一个新的就行了，恰在这时中国台湾灾区来问能不能给他们继续使用，于是就将它解体之后用船运过去，由当地志愿者将它重建起来。现在好像当地人还把它用作各种用途呢。不仅仅是教会，也作为社区中心，还举办音乐会。

这件事是个契机，我就在想临时设置是什么呢？"纸教堂"虽然是作为临时建筑建造的，但它的强度是符合建筑基准法的，抗震性也考虑在内，是和永久性建筑用一样的方法设计的，即使是混凝土建造的建筑也会因为地震而损毁。世界上的商业建筑基本上都是"临时设置"的吧，赤坂瓮城有一处丹下健三先生设计的豪华酒店，也只存在了 30 年。我觉得不是建筑的结构材料，而是人们爱不爱这个建筑，这决定了它是临时的还是永久的。

汉诺威世博会的场馆等怎么样了呢?

因为世博会的主题就是环境问题,别说在日本,在全世界我也是唯一使用可再生材料来做建筑的人,所以选择我来设计这个场馆。通常建筑建造完成时是建筑师的目标达成之时,但对我来说,汉诺威世博会场馆的设计目标是在它解体之时。从一开始就知道半年后会被解体,所以为尽可能不造成废弃材料,几乎所有的建材都挑选了可回收或再利用的材料,并且是在选择了施工方法之后建造的。所以在和德国纸管厂商的合约里甚至写上了解体之后将纸管收回再利用的条款。建筑基础如果用混凝土就很难再利用了,取而代之的是,我把沙子装入木箱中并压紧,将它作为基础,从设计材料的选择到建筑方法,都是考虑了解体以后会怎样,以可回收、再利用为前提设计的。这就像是为解体而制作的建筑。

阪神·淡路大地震时您建造了临时住宅纸质小屋,这之后您致力于研究用于避难所的纸制隔间体系。好像经历了多次改良,最初是在新潟县的中越地震(2004年)中用的吗?

是的。自从在神户开展活动以来,我就注意到了避难所没有私密性的问题。我们总以为灾民只要有个地方避难就已经是很好的事了,但从没有人考虑过他们精神上的感受。连续十几天待在一个没有隐私的公共空间,他们精神上是很紧张的。但当时因为教会的志愿者问题已经忙得不可开交,没有精力和时间顾及了。这之后又发生了中越地震,我想同样的问题还是会重复出现,所以就去了灾区开始制作隔间。因为是第一次,还没弄清楚使用者的需求和政府方面的想法。一开始我设计了一个小房子的样式，但有的家庭有六个人，有的两个人，他们各自需要的空间大小也不一样，而且也没必要做成封闭的样式。政府方面也完全没有建造隔间的经验，即使大家都意识到私密性的问题，但也完全没有想过要做些什么去改变这个状况，反而说如果有这样的隔间的话会更难管理，比如说暗地里喝醉了酒怎么办……总之他们是不会做没有先例的事情的，所以就先提供了几间哺乳室、孩子的学习室、游乐室等，也没有多余的空间了。

之后的 2005 年发生了福冈县西方冲地震。当时我们准备使用一种更为简易的材料，就是用胶带固定住的蜂巢式板材做隔间隔墙。但是福冈的政府工作人员更为刁难，不让我们放进避难所。因此我们只能待在雨中的停车场……正巧看到了当时民主党的冈田克也先生，我们在他面前实际演习了一番隔间的做法。那时有正在避难的人出来，给我们提意见说："这样的高度（齐腰高）不能保护隐私"。 2006 年藤泽市举办防灾日演习。在新潟和福冈的经验基础上，基于政府人员提了"不能太过封闭"的要求，为恰当地维护私人空间，所以就采用了可打开、可闭合的窗帘。尺寸上也可以根据家庭的大小自由调节，我们在以往经验的基础上制作了第三个版本。

有了这样的准备，日本东北地区发生大地震后，即刻开始动工。做胶合连接节点的公司在 2011 年倒闭，再加上虽然纸管便宜但连接节点很贵的原因，于是我开发了没有连接节点的新的第四个版本的纸质隔间。只要在粗纸管上开孔插入细纸管即可。前面的版本会摇晃，需要用斜柱支撑，而第四版可以很牢固地连接上并且非常结实。以前还用板做基础，现在连这些都没有，变得更加简易（图82、图83）。

图 82 避难所使用的纸质简易隔间（第 4 版）

图 83 不使用连接节点的连接部位（第 4 版）

虽然纸质隔间做得更轻便且更便宜了，但政府还是不理解我们的善意，因此被断然拒绝。迎来转机的是我去山形县的避难所的时候。政府人员一开始还是拒绝使用，我说能不能实地演示一下再做决定，对方说："那就在会议室演示吧"。因为想让避难的人观看，我提出能否在走廊上，但最终还是不让在避难所演示。这时候又恰巧遇到民冈田先生（笑），他带着山形县知事和山形市（山形县的首府）市长来视察，他还记得我的事。我说："我做出比以前更好的隔间了"，他就说："那去看看吧"。看完演示后对我说："看起来不错啊"。

于是市长就说: "把它送给所有的家庭吧"。负责的官员虽然都不乐意,但市长这么说了,就给山形综合体育馆里所有的家庭都发放了。

接下来是 2011 年的日本大地震及海啸,岩手县大槌町受灾严重,当地灾民被安置进高中的体育馆。当时大槌町公所被冲毁,镇长等公职人员等大部分都不在了。因此人手不足,就让高中的物理老师负责避难所的管理。物理老师看了以后说: "这个隔间很好,马上就开始做吧。"就这样,即使多次被拒绝也不放弃机会,再加上被多次报道以后,慢慢地就容易开展了。

尽管这样,政府人员还是不会做没有先例的事。所以为了下次地震发生做准备,现在我和当时我的学生(京都造型艺术大学)在防灾日一起到各地的市镇村演习,并和京都市、大分县都签订了防灾协定。发生灾害立即和我们联系,全部用上隔间。在这之前都是我们在负责筹集资金事宜,这回是政府出资补助。纸管商全国都有,邻近的指定供应商也可以做,给他们下订单就行了。从世田谷区开始,在各个地方做演习,可以的话想在日本全国普及。这样的话,发生灾害时就不用一一说服政府官员,能迅速用上。目前我在做这种普及活动。

如何克服政府机关的先例主义,平常做演示等准备工作也是很重要的。政治家的作用也很大。

2011 年日本大地震中除了在 50 多个避难所内建立了 1800 个纸质隔间外,还在女川建造了三层的集装箱临时住宅(图 84)。在神户时也是这样,几乎没有空地,不得不将临时住宅建在很远的地方。今后在城市发生灾害的话,肯定会产生这种情况。我想政府的标准不能只有平房,两层、三层的房子一定也是需要的吧,所以我做了三层住

图 84 上：女川镇的三层集装箱临时住宅 下：约 29.7 平方米类型住宅的内景

房的模型，为普及隔间系统去很多城镇访问时，尽量能与市长、镇长见面，给他们看模型并解释："如果缺少土地和空间，还有这种解决方案"。于是，从初期的四月开始，我在东北三县（宫城县、岩手县、福岛县）做了注册。没有注册的话，不管有多必要也不允许建造。在女川镇的时候，那里的安住镇长说："我们这里只有一个棒球场，但是还有190户人家，建平房是不够的。"于是决定了："那就造多层吧"。只有在宫城县，能按照市镇村的判断建造临时住宅。女川镇当时的镇长非常具有领导力，做出了英明的决断。

　　之后我受国交省邀请，在各都府道县负责临时住宅的官员面前做报告，那时各县的负责人都对我说下次再发生地震这些都是必需的。但当时要获得许可很难，为了成为标准的临时住宅，我委托建设单位TSP太阳公司加入了装配式建筑协会。成了标准产品之后，地震发生时如果有需要，政府官员就可以像看商品目录一样指定一下就好了。

我想起了您设计的游牧博物馆[1]**（The Nomadic Museum）。**

　　是啊。竖向和横向有区别，但建造方法是一样的。

　　虽说是临时建筑，当听到避难者说出即使可以搬到别的地方，还是愿意留在那里的一些话时，会觉得很欣慰。即使交房租也想留在那里，说明人们住得很舒适。

1　游牧博物馆：坂茂设计的由多个集装箱叠加起来的移动式展览场馆。2005在纽约、2006年在圣莫尼卡、2007年在东京台场展示。

对，还有人说即使交房租也想继续住下去，比之前住的地方要好很多什么的（笑）。

以前的临时住宅总会让避难者们抱怨。房间不隔声，隔壁的声音都听得一清二楚；或者怕自己发出的声音、孩子的声音是否给周围人添麻烦了，精神上老是感到不安等。但是我们建造的临时住宅隔声效果非常好。有人问那是不是住下层的人会担心上层人的声音呢，为使它不传声我们在上下层之间也做了隔声。

这是当然的，建筑师要做的就是建造既美观又住得舒服的好房子。因为这是我们的本职工作啊。从业者的使命是快速、经济地改善提出的各种问题，同理我们建筑师的作用是解决问题，为大家设计更好看、更舒心的建筑。

我不可能自己建造几万个家庭的房子，目前还必须要做现在政府在造的临时住宅的升级工作，还要和装配式建筑协会的上层沟通，他们说如果下次再发生地震，提供不了像 2011 年日本大地震时相同的供应量了。因为这种装配式建筑平时不需要，相关的工厂纷纷倒闭，无法供应一时的大量需求，而且舒适度没有那么好，造价也高。

于是我现在开发了新型住宅，住得更舒服、大小也能调整，并在马尼拉建造了工厂。世界各地不时发生有各种灾害，就这些全球性问题，已经不是一个国家能解决的，因此我们不必在日本建造工厂，而是把它建在有这个需要的发展中国家，在提供新的就业的同时，对改善各个地区的住宅问题也将起到作用——世界各地有很多贫民窟，平时可以在这些地区使用，像日本这样的地震国家可以在必要时供给。

虽然是同样的结构系统,但是既适合发展中国家的住宅,又符合发达国家的临时居住的需求,可以自由地变大变小。现在这个工厂建在马尼拉,希望以后可以普及起来。

您是指FRP(纤维强化塑料)材料的项目吧?

FRP是表面材料。里面加入了发泡苯乙烯。发泡苯乙烯很轻,隔热性能非常好。但是光有这些强度还不够,因此在两侧贴上FRP、玻璃纤维,并涂上塑料。不需要大量资金和大的工厂就能制造这种新结构的面板了。涉及运输费用的问题,现在暂时以亚洲为目标市场。

不仅仅是纸建筑,您还很重视可以在当地采购的东西、容易在当地组装的构造、符合地方风情的设计等,当然不断地改良材料是不言而喻的,这些都是您在《纸建筑 建筑师能为社会做什么?》之后在进一步考虑的吗?

是的。纸也好,钢筋混凝土也好,不同材料有各种适合的使用方法。也不是说混凝土就不好,也有只能用混凝土制造的东西,也有正因为使用了钢制作的集装箱才有的好处等,只要把各种材料都活用起来就好。简单来说,我想就是适合的材料用在适合的地方吧。但是现在所说的运输的便捷性、组装的方便性、维修等方面,这些因为是共同的问题,做提案时不考虑是不行的。

所谓住得舒心,也是需要社区为单位来支持的吧?关于这点您怎么考虑的?

也不需要我考虑，作为政府的方针，规定几家临时住宅就要有一个社区的聚集场所。我们是用集装箱建造了社区中心，但这样远远不够，就用坂本龙一先生的捐款建造了叫"Marche"（法语，市场的意思）的市场，还用千住博先生的捐款为孩子们建造了游乐场所、画室等。因为临时住宅是建在偏僻、不方便的地方，所以我想建一些简易的购物、娱乐区域是很重要的。

但是首先还是要保证每家每户的居住舒适度。到底还是自己住的地方，要考虑怎样更舒适。

住得难受的话就想搬走了，如果住得舒心，就会有人想留下来，社区也会保留吧？

对。我设计的女川车站启用时，住在我们设计的临时住宅里的居民来参观，跟我打招呼说："这次又是您设计的呀，感到很高兴。""我想是不是又有好建筑造出来了，所以来看看。"类似这样的话是最让我开心的。

去年您设计了大分县立美术馆，得到了 JIA 日本建筑大奖，向您表示祝贺！

谢谢！我去地方城市看美术馆或音乐厅时，经常会问问出租车司机。"那个建筑怎么样？"他们的回答大都是："那就是乱用我们的税金""我自己没去过"。如果美术馆只是一个为美术爱好者服务的建筑，那么用税金去建造是不是不太好？音乐厅，如果只有音乐爱好者才去……然后我还会问："你知道那个建筑是谁建的吗？他们会回答："是鹿岛""是竹中"。建筑师的名字什么的首先是不知道的，也没兴趣。这让我感觉有点失望，就像前面说的，公共设施应该是平常没有需求的人也能去使用的设施。不是这样的话，只能说明我们日本人一般来说是对公共建筑没有什么感情的。

我在法国建造蓬皮杜梅斯中心（Centre Pompidou-Metz）时，在街上走着，常常有完全不认识的人跟我打招呼说："谢谢你在我们的地方建造这么美的建筑"。欧美人们很喜爱公共建筑，并以此为自豪。这里有建筑师的问题，一般市民的认知也完全不同。在日本，很多人不使用公共设施还一味地抱怨。设计大分的美术馆时，我把如何让平时不用这些设施的人能来到这里并使用这些设施，作为最主要的理念。所以设计成将前面打开，可以自由地进入。或许，一楼不要举办一些严肃的展会，有意举办一些物产展啊，也可以用作婚宴场所。即使像纽约的现代美术馆、巴黎的蓬皮杜梅斯中心这样世界有名的设施，仅靠门票收入也难以运营，因此会把场地租给企业做展会。这不仅是为了不浪费税金，也是考虑让那些平时不来的人来使用这些设施，也能维持美术馆的运营，所以一楼被设计成了可以进行这些活动的、能灵活运用的场所。

如今在东京等地，去家电批发超市，会发现没有门，即使冬天也一直开着卷帘门让人可以自由出入。这是非常重要的事情，哪怕加一块透明玻璃，要推门进去的话就需要勇气。但如果没有任何阻碍的话，人们就想轻松地推门进去看看。如何设计让平时不用的人也能使用并且对它产生依恋心理的设施，是我目前在考虑的课题。这也不仅仅局限于美术馆呢。

2014 年您获得了普利兹克建筑奖，您变得更忙了吗？

工作机会确实是增加了。但我不太愿意扩大事务所或以此来接一些大项目。建筑师的想法各种各样，没有孰好孰坏，我还是想都由自己来设计，在自己的视线范围内进行管理。眼睛看不到的地方质量肯定会下降。我不想出现这种情况，因此虽然说有各种机会，我还是考虑不要过分扩大工作范围。

之前也说过，我现在正在开展灾后支援的普及活动，目前在做尼泊尔的几个活动。只是终归有一点，因为得了奖就多想了一些，更需要持续锻炼自己。不只是建筑师，有些人得了奖便开始做大一些的事情，殊不知人不知不觉就变了。我不想变成这样。

我听说您又开始担任庆应义塾大学的课程讲师了。

我接到了学校的邀请让我回去授课，所以现在在学校做设计课题、研究室和研讨会。之前在京都造型艺术大学任教。有段时间从庆应（义塾大学）辞职，到哈佛大学和康奈尔大学教书，才知道日本大学的教学系统有意想不到的好处。研讨会的系统、研究室是国外的大学所没有的。即使做灾后支援项目，一个学期就结束了。如果有研究室的工作，是从大一一直跟到研究生，可以开展中长期性质的项目，我意识到这是日本大学的好处。此外，灾后支援的志愿者活动很难通过事务所来实现，在研究室与学生们一起做在制度上是最好的，基于这个原因我又回到了大学。

我想年轻人在您身边感受到了，您的工作成了您思考的内容，这是非常重要的事情。

教育确实是非常重要的事情。我是在美国接受了教育，接受了很好的教育但却无法回报恩师，他们也没有指望学生去回报。唯一能做的，是自己也向下一代做同样的事情。正是由于我们接受了好的教育，才有了今天的自己，我想教育活动是一件非常重要的事情，也是自己的社会使命。

（2016 年 4 月 8 日于坂茂建筑设计事务所。采访者：编辑部 大矢一哉）

岩波书店编辑部后记

　　本采访刚收录后的 2016 年 4 月 14 日，以熊本为中心的九州中部，4 月 26 日南美的厄瓜多尔发生了强地震，众多灾民陷入了困境。坂茂先生这次也立即在自己的网站上发表了面向熊本的紧急支援项目的声明，开始了避难所的简易隔断系统的设置。同时在厄瓜多尔演讲，向人们讲述自身的经验，开始了临时避难所的建设。"纸建筑"的行动，一直在继续。

　　本书第一版于 1998 年 11 月由筑摩书房发行。本版本增加了一些新的内容并做了修订版。此外，根据《新建筑》2000 年 8 月刊登的文章，《纸是进化的树木》中的《2000 年汉诺威世博会日本馆》得到了大幅增笔。另外，新增了《文库版后记——后续的"纸建筑"》。

图书在版编目（CIP）数据

　　纸建筑 ：建筑师能为社会做什么？ ／（日）坂茂著 ；
王兴田编译. —— 南京 ：江苏凤凰科学技术出版社，2018.1
　　ISBN 978-7-5537-8646-9

　　Ⅰ．①纸… Ⅱ．①坂… ②王… Ⅲ．①建筑设计－折
纸－世界 Ⅳ．①TU206

　　中国版本图书馆CIP数据核字（2017）第268116号

KAMI NO KENCHIKU KODO SURU
Kenchikuka wa shakai no tame ni nani ga dekiru ka
by Shigeru Ban
© 1998, 2016 by Shigeru Ban
Originally published 2016 by Iwanami Shoten, Publishers, Tokyo.
This simplified Chinese edition published 2017
by Tianjin Ifengspace Media Co. Ltd., Tianjin
by arrangement with Iwanami Shoten, Publishers, Tokyo

纸建筑　建筑师能为社会做什么？

著　　　者	[日]坂茂	
编　　　译	王兴田	
项 目 策 划	凤凰空间/陈　景	
责 任 编 辑	刘屹立　赵　研	
特 约 编 辑	陈　景	

出 版 发 行	江苏凤凰科学技术出版社
出版社地址	南京市湖南路1号A楼，邮编：210009
出版社网址	http://www.pspress.cn
总 经 销	天津凤凰空间文化传媒有限公司
总经销网址	http://www.ifengspace.cn
印　　　刷	北京博海升彩色印刷有限公司

开　　　本	710 mm×1 000 mm　1／16
印　　　张	11
字　　　数	176 000
版　　　次	2018年1月第1版
印　　　次	2018年1月第1次印刷

标 准 书 号	ISBN 978-7-5537-8646-9
定　　　价	58.00元

图书如有印装质量问题，可随时向销售部调换（电话：022-87893668）。